Wissenschaftliche Reihe Fahrzeugtechnik Universität Stuttgart

Reihe herausgegeben von
Michael Bargende, Stuttgart, Deutschland
Hans-Christian Reuss, Stuttgart, Deutschland
Jochen Wiedemann, Stuttgart, Deutschland

Das Institut für Verbrennungsmotoren und Kraftfahrwesen (IVK) an der Universität Stuttgart erforscht, entwickelt, appliziert und erprobt, in enger Zusammenarbeit mit der Industrie, Elemente bzw. Technologien aus dem Bereich moderner Fahrzeugkonzepte. Das Institut gliedert sich in die drei Bereiche Kraftfahrwesen, Fahrzeugantriebe und Kraftfahrzeug-Mechatronik. Aufgabe dieser Bereiche ist die Ausarbeitung des Themengebietes im Prüfstandsbetrieb, in Theorie und Simulation. Schwerpunkte des Kraftfahrwesens sind hierbei die Aerodynamik, Akustik (NVH), Fahrdynamik und Fahrermodellierung, Leichtbau, Sicherheit, Kraftübertragung sowie Energie und Thermomanagement – auch in Verbindung mit hybriden und batterieelektrischen Fahrzeugkonzepten. Der Bereich Fahrzeugantriebe widmet sich den Themen Brennverfahrensentwicklung einschließlich Regelungs- und Steuerungskonzeptionen bei zugleich minimierten Emissionen, komplexe Abgasnachbehandlung, Aufladesysteme und -strategien, Hybridsysteme und Betriebsstrategien sowie mechanisch-akustischen Fragestellungen. Themen der Kraftfahrzeug-Mechatronik sind die Antriebsstrangregelung/Hybride, Elektromobilität, Bordnetz und Energiemanagement, Funktions- und Softwareentwicklung sowie Test und Diagnose. Die Erfüllung dieser Aufgaben wird prüfstandsseitig neben vielem anderen unterstützt durch 19 Motorenprüfstände, zwei Rollenprüfstände, einen 1:1-Fahrsimulator, einen Antriebsstrangprüfstand, einen Thermowindkanal sowie einen 1:1-Aeroakustikwindkanal. Die wissenschaftliche Reihe „Fahrzeugtechnik Universität Stuttgart" präsentiert über die am Institut entstandenen Promotionen die hervorragenden Arbeitsergebnisse der Forschungstätigkeiten am IVK.

Reihe herausgegeben von

Prof. Dr.-Ing. Michael Bargende
Lehrstuhl Fahrzeugantriebe
Institut für Verbrennungsmotoren und
Kraftfahrwesen, Universität Stuttgart
Stuttgart, Deutschland

Prof. Dr.-Ing. Jochen Wiedemann
Lehrstuhl Kraftfahrwesen
Institut für Verbrennungsmotoren und
Kraftfahrwesen, Universität Stuttgart
Stuttgart, Deutschland

Prof. Dr.-Ing. Hans-Christian Reuss
Lehrstuhl Kraftfahrzeugmechatronik
Institut für Verbrennungsmotoren und
Kraftfahrwesen, Universität Stuttgart
Stuttgart, Deutschland

Weitere Bände in der Reihe http://www.springer.com/series/13535

Jing Cheng

Wirkungsgradoptimales ottomotorisches Konzept für einen Hybridantriebsstrang

Jing Cheng
IVK, Fakultät 7, Lehrstuhl für Fahrzeugantriebe
Universität Stuttgart
Stuttgart, Deutschland

Zugl.: Dissertation Universität Stuttgart, 2019

D93

ISSN 2567-0042   ISSN 2567-0352   (electronic)
Wissenschaftliche Reihe Fahrzeugtechnik Universität Stuttgart
ISBN 978-3-658-28143-4   ISBN 978-3-658-28144-1   (eBook)
https://doi.org/10.1007/978-3-658-28144-1

Die Deutsche Nationalbibliothek verzeichnet diese Publikation in der Deutschen National-
bibliografie; detaillierte bibliografische Daten sind im Internet über http://dnb.d-nb.de abrufbar.

Springer Vieweg ist ein Imprint der eingetragenen Gesellschaft Springer Fachmedien Wiesbaden
GmbH und ist ein Teil von Springer Nature.
Die Anschrift der Gesellschaft ist: Abraham-Lincoln-Str. 46, 65189 Wiesbaden, Germany

Vorwort

Die vorliegende Arbeit entstand während meiner Tätigkeit als wissenschaftliche Mitarbeiterin im Rahmen des Promotionskollegs HYBRID beim Institut für Verbrennungsmotoren und Kraftfahrwesen (IVK) der Universität Stuttgart. Ich möchte für die Förderung des Promotionskollegs HYBRID der Daimler AG und dem Ministerium für Wissenschaft, Forschung und Kunst Baden-Württemberg danken.

Mein besonderer Dank gilt Herrn Prof. Dr. Michael Bargende, dem Leiter des Lehrstuhls Fahrzeugantriebe im Institut für Verbrennungsmotoren und Kraftfahrwesen, für die wissenschaftliche Betreuung dieser Arbeit sowie die Übernahme des Hauptreferates. Herrn Prof. Dr. Christian Beidl, Leiter des Instituts Verbrennungskraftmaschinen (VKM) an der Technischen Universität Darmstadt, danke ich für sein Interesse an meiner Arbeit und für die Übernahme des Korreferates.

Des Weiteren möchte ich auf Seite des Kooperationspartners Daimler AG den Mitarbeitern der Abteilung RD/PGD und RD/PGC für die Anregungen und den fachlichen Austausch danken. Ein besonderer Dank gilt dabei Herrn Dr. Frank Altenschmidt für seine Initiative und Vorschläge für die wissenschaftliche Arbeit und Herrn Christoph Ley für die Unterstützung bei der Modellierung.

Außerdem möchte ich meiner ganzen Familie für das Verständnis und die Unterstützung danken. Ganz besonders möchte ich mich bei meinem Ehemann Tobias Plaumann für seine Geduld sowie fachliche und sprachliche Unterstützung während der Promotion bedanken.

Stuttgart   Jing Cheng

Inhaltsverzeichnis

Abbildungsverzeichnis

Tabellenverzeichnis

Abkürzungsverzeichnis

m	Massenstrom
q	Durchfluss
Q	Wärmeübertragung
Ag	Abgase
AGN	Abgasnachbehandlungssystem
AGR	Abgasrückführung
AÖ	Auslassventil Öffnen
AS	Auslassventil Schließen
ASR	Antriebsschlupfregelung
A_W	Wandoberfläche
BMS	Batterie Management System
C	*Capacitor* (Kondensator)
c_K	Wärmekapazität
CO	Kohlenmonoxide
CO_2	Kohlenstoffdioxid
c_p/c_v	spezifischen Wärmekapizität
CPC	*Central Powertrain Controller*
DOD	*Depth Of Discharge* (Entladungsgrad)
DP	Dynamische Programmierung
ECMS	*Equivalent Consumption Minimization Strategy* (äquivalente Optimierungsstrategie des Verbrauchs)
ECU	Steuergerätemodell
EÖ	Einlassventil Öffnen
ES	Einlassventil Schließen
ET	Einspritzteilung
GA	genetisches Algorithmus
Gb	Getriebe
H	Enthalpie, Elektrifizierungsgrad
H	Hamiltonische Funktion
HC	Kohlenwasserstoffe
HOM	Homogenbetrieb
HOS	Homogen-Schicht-Betrieb
HSP	Homogen-Split-Betrieb
H_u	unterer Heizwert

I_{Batt}	Batteriestrom
ICCT	*International Council on Clean Transportation*
IVS	*Input Variable Selection* (Eingangsauswahl)
J	Gesamtkostenindex
K_{FW}	Beiwert Stromwiderstand
KNN	künstliches neuronales Netz
Krst	Kraftstoff
LWOT	Ladungswechsel oberer Totpunkt
m	Masse
MSE	*Mean Squared Error* (mittlere quadratische Abweichung)
MWM	Mittelwertmotormodell
NAK	Nassanfahrkupplung
NEFZ	Neue Europäische Fahrzyklus
N_{Gang}	eingelegter Gang
NO_x	Stickoxide
NSC	*NO_x Storage Catalyst* (NO_x-Speicherkatalysator)
NW	Nockenwelle
OBD	On-Board-Diagnose
p	Druck
P	Leistung
PEMS	*Portable Emission Measuring System* (Mobiles Emissions-messgerät)
p_{me}	*mean effective pressure* (effektiver Mitteldruck)
PMP	Pontrjaginsches Minimierungsprinzip
p_{mr}	Reibmitteldruck, Reibmitteldruck
Q	Batterie Kapazität
QSS	quasi-stationär
RC(-Glied)	*Resistor Capacitor* (Widerstand Kondensator)
RDE	*Real Driving Emissions* (Emissionen im praktischen Fahr-betrieb)
R_{Diff}	Diffusionswiderstand
R_{Dur}	Durchtrittswiderstand
REM	Rohemissionsmodell
R_i	Innenwiderstand
s_0	äquivalenter Faktor
SCH	Schichtbetrieb
SOC	*State Of Charge* (Ladezustand)
SOF	*State Of Function* (Betteriezustand)

SOH	*State Of Health* (Alterungszustand)
T	Drehmoment
TWC	*Three Way Catalyst* (Drei-Wege-Katalysator)
TWNSC	*Three Way NO_x Storage Catalyst* (Drei-Wege NO_x-Speicherkatalysator)
u	Drehmomentaufspaltung/Zustandsgröße für Betriebsstrategie
U_0	Leerlaufspannung, Leerlaufspannung
U_{Batt}	Batteriespannung
v	Geschwindigkeit
Vb	Verbrennung
Vd	Verdichter
V_H	Hubvolumen
WLTC	*Worldwide Harmonized Light-Duty Vehicles Test Cycle* (weltweit einheitlicher Testzyklus für leichtgewichtige Nutzfahrzeuge)
WLTP	*Worldwide Harmonized Light-Duty Vehicles Test Procedure* (weltweit einheitliches Testverfahren für leichtgewichtige Nutzfahrzeuge)
x	Fahrzeugzustand
x_{Ag}	AGR-Rate
ZOT	Zünd oberer Totpunkt
ZW	Zündwinkel
α_i	Wärmeübertragungsbeiwert
ε	Verdichtungsverhältnis
η	Wirkungsgrad
Θ	Trägheitmoment
ϑ	Temperatur
λ	Verbrennungsluftverhältnis
λ_0	Lagrange-Multiplikator/Kozustand
λ_L	Liefergrad
Π	Druckverhältnis
σ_0	stöchiometrischer Luftbedarf
φ	Straffunktion
ω	Rotationsgeschwindigkeit

Kurzfassung

In dieser Arbeit wird ein Gesamtsystemmodell zur Simulation des Kraftstoff-
verbrauchs und Rohemissionsentstehung eines P2-Hybridfahrzeugs erstellt.
Dieses Modell besteht aus einem längsdynamischen Fahrzeugmodell, das auf
dem stationären Ansatz basiert, einer Betriebsstrategie für den Hybridantriebsstrang und einem detaillierten Streckenmodell für den Verbrennungsmotor.
Für die Steuerung der Hybridbetriebsstrategie wird sowohl die regelbasierte
Steuergerätefunktion als auch eine mittels eines *Equivalent Consumption
Minimization Strategy* (ECMS) Algorithmus optimierte Strategie verwendet.
Die Letztere wird für die Optimierung in zwei RDE-ähnlichen Fahrzyklen
verwendet. Das Streckenmodell für den Verbrennungsmotor beinhaltet die
folgenden Teilmodelle: ein Steuergeräte-modell mit Funktionen, die direkt aus
einer bestehenden Motor-steuergerätesoftware übernommen werden, ein
Mittelwertmotormodell für die Luftdynamik im Luftpfad und die
Drehmomentgenerierung des Verbrennungsmotors und ein Rohemissionsmodell mit künstlichem neuronalem Netz, sowie ein vereinfachtes Abgasnachbehandlungsmodell. Die Kalibrierung sowie Validierung des erstellten
Modells erfolgt mittels an Motorprüfständen aufgezeichneten Messdaten.
Gegenüber dem stationären Simulationsansatz verbessert sich die Genauigkeit
der Ergebnisse. Außerdem fungiert das Modell als Applikationsplattform, die
unter anderem die simulative Parametrisierung des Motorsteuergeräts
ermöglicht.

Mittels des Gesamtsystemmodells eines Ottomotors mit Magerbetrieb in
einem Hybridantriebsstrang kann aufgezeigt werden, dass im Vergleich zu
einem homogen betriebenen Ottomotor 4 % Kraftstoffersparnis im NEFZ
möglich ist. Bei dynamischeren Fahrprofilen, z. B. bei den RTS-95-Fahr-
zyklen, verringert sich das Potenzial auf 2-3 %, was auf den Verlust des
transienten Verhaltens beim Betriebsartenwechsel und die verkürzte Dauer des
Magerbetriebs zurückzuführen ist. Dieser Verlust lässt sich mittels des
dynamischen Streckenmodells des Verbrennungsmotors genau beziffern. Ein
weiterer untersuchter Aspekt ist der Einfluss der Hubraumgröße auf den
Verbrauch. Dabei steigt der relative Verbrauchsvorteil des Magerbetriebs mit
bei größerem Hubraum. Die Analyse der Betriebspunkte zeigt einen deutlichen Einfluss des Magerbetriebs auf die Lastpunktverschiebung und E-Fahrt-
Steuerung: Mit verbrauchsoptimaler Hybridbetriebsstrategie wird der mager

betriebene Motor eher im wirkungsgradoptimalen Bereich betrieben, während die Betriebsstrategie beim homogen betriebenen Ottomotor tendenziell durch höheren Anteil elektrischer Fahrt gekennzeichnet ist.

Der Optimierungsalgorithmus ECMS lässt sich sowohl für die Optimierung des Verbrauchs als auch der Schadstoffemissionen einsetzen. Die Optimierungsergebnisse zeigen, dass NO_x-Rohemissionen während des Magerbetriebs im Hybridantriebsstrang sich auf einem niedrigen Niveau befinden. Eine weitere Reduzierung der NO_x-Rohemissionen durch Lastpunktverschiebung macht sich durch deutlich erhöhten Verbrauch bemerkbar.

Abstract

In this work an overall system model for the simulation of fuel consumption and raw emissions of a P2 hybrid vehicle is developed. This model comprises a steady state longitudinal dynamics vehicle model, an operating strategy for the hybrid powertrain, and an elaborate model of the internal combustion engine. Two alternative hybrid operating strategies are implemented: one controlled by rule-based ECU-functions as well as one optimized via an Equivalent Consumption Minimization Strategy (ECMS) algorithm. The latter approach is utilized for the optimization of two RDE driving cycles. The system model of the internal combustion engine includes the following parts: an ECU-model with functions extracted from actual state of the art ECU-software, a mean value engine model modelling the thermodynamics in the engine air path and the engine torque generation, a raw emission model using an artificial neural network approach, and a simplified exhaust gas aftertreatment model. The calibration as well as the validation of the models is carried out by means of measurements collected from the test bench. Compared to a stationary approach the overall system model improves not only the accuracy of the results, it also provides further features like simulative parametrization of the ECU in practice.

By means of the overall system model it is shown that a lean burn gasoline engine in a hybrid powertrain saves 4 % fuel compared to a stoichiometric operated gasoline engine in NEFZ. In case of more dynamic driving cycles with, e.g. the RTS-95 driving cycles, the fuel saving potential of the lean burn operation decreases to 2-3 %. This is due to the transient fuel losses during the shift between different engine operating modes and the reduced duration of the lean operations. The extended engine model enables calculation of the transient losses in the engine operation. Another aspect is the influence of the engine displacement on fuel consumption. With the increase of the displacement the fuel efficiency benefit of lean operation also increases. The analysis of the optimized operation strategy shows different behaviors between engines with and without lean operation: the lean burn engine is primarily operated in regions with the highest fuel efficiency while the operating strategy of the stoichiometric engine tends to have a higher percentage of electric drive.

The optimization algorithm ECMS is used not only for the optimization of the fuel economy but also for reduction of the pollutant emissions. The results of the simulation show that the NOx emissions during the lean operation is at a low level, and a further reduction by shifting of the operating points leads to a significant rise of the fuel consumption.

1 Einleitung

Nach einer über hundert Jahre dauernden Dominanz des Verbrennungsmotors als Antriebsquelle für Fahrzeuge, ist in den vergangenen Jahren ein Wandel insbesondere beim Individualverkehr zu beobachten. Erzwungen wird diese auch durch die immer strengeren Grenzwerte für die Luftqualität, die ein lokal emissionsfreies Fahren attraktiv erscheinen lassen. Die europäische Union fordert die Fahrzeughersteller auf, den CO_2-Flottenverbrauch bis 2020 unter 95 g/km zu senken [12]. In diesem Kontext müssen viele Automobilhersteller, die zum großen Teil konventionelle Fahrzeuge in der Flotte haben, verstärkt in neue und innovative Technologien investieren, um den Kraftstoffverbrauch und die Emissionen zu verringern. Da die Automobilindustrie den Kraftstoffverbrauch und die Emissionen besonders in Ballungszentren drastisch reduzieren muss, wird intensiv nach Lösung gesucht. Infolgedessen steht die Entwicklung von Elektrofahrzeugen im Vordergrund. Mehrere Untersuchungen der „Quelle-bis-Rad" Emissionen zeigen jedoch, dass Elektrofahrzeuge nicht umweltfreundlicher als konventionelle Fahrzeuge sind, wenn die Stromerzeugung großenteils auf Basis fossiler Energieträger erfolgt [13], [14], [15]. Wenn insbesondre die Emissionen des gesamten Lebenszyklus auch mitberücksichtigt werden, verschlechtert die Herstellung der Batterie die CO2-Bilanz des Elektrofahrzeugs deutlich [16], [17]. Deswegen wird die Entwicklung hybridisierter sowie konventioneller Antriebssträngen intensiv verfolgt. So können aufgrund der großen Fortschritte der letzten Jahre weitere Verbrauchspotenziale beim konventionellen Verbrennungsmotor erschlossen und Emissionen gesenkt werden. Dazu gehören Maßnahmen wie z. B. Downsizing in Kombination mit Aufladung, Zylinderabschaltung, Miller-Brennverfahren sowie Magerkonzepte, um den Verbrauch des Ottomotors in der Teillast zu reduzieren. Das Magerkonzept gilt hierbei als eine vielversprechende Möglichkeit zur Verbrauchsreduzierung bei Ottomotoren mit Direkteinspritzung.

Seit ein paar Jahren wachsen neue Hersteller außerhalb der klassischen Automobilindustrie und andere Mobilitätsdienste wie zum Beispiel Tesla als neue Konkurrenten heran. Diese sind durch die Kultur des Internetzeitalters geprägt: dynamisch, international und hoch automatisiert. Ein großer Unterschied dieser Firmen zu den klassischen Automobilherstellern ist, dass der Entwicklungszyklus erheblich verkürzt ist, wobei sich dies auch negativ beim

© Springer Fachmedien Wiesbaden GmbH, ein Teil von Springer Nature 2019
J. Cheng, *Wirkungsgradoptimales ottomotorisches Konzept für einen Hybridantriebsstrang*, Wissenschaftliche Reihe Fahrzeugtechnik Universität Stuttgart, https://doi.org/10.1007/978-3-658-28144-1_1

Reifegrad auswirken kann. Um wettbewerbsfähig zu bleiben, sind die klassischen Automobilhersteller gezwungen den Entwicklungsprozess zu verkürzen, ohne bei der Qualität nachzulassen. Die Digitalisierung des Entwicklungsprozesses ist ein wichtiger Hebel für die Automobilindustrie, um Zeit sowie ressourcenintensiven Versuch am Fahrzeug und am Motorprüfstand auf das Wesentliche zu reduzieren.

Das Ziel dieser Arbeit ist es, auf Basis eines Ottomotors mit strahlgeführtem Brennverfahren mit Piezo-Einspritzung von Mercedes-Benz, eine Kombination aus Magerkonzept und einem hybridisierten Antriebsstrang in Bezug auf Verbrauch und Emissionen zu untersuchen. Da bis Anfertigung dieser Arbeit es weder experimentelle noch simulative Untersuchung für diese Kombination gab, soll diese Arbeit diese Lücke schließen. Aufgrund des wesentlichen Einflusses durch Betriebsstrategie des Hybridantriebsstrangs auf den gesamten Wirkungsgrad des Fahrzeugs, wird ein Gesamtsystemmodell für das Konzept entwickelt. Damit sollen alle Fahrzeugfunktionalitäten mit Schwerpunkt Verbrennungsmotor und Emissionen realitätsnah abgebildet werden. In der frühen Entwicklungsphase kann eine solche Gesamtsystemsimulation die Genauigkeit der Prognose erhöhen und bei der Erstellung der Betriebsstrategie unterstützen und in einer späteren Entwicklungsphase die Gesamtsystemsimulation als Applikationsplattform dienen, um zu einer optimalen Parametrisierung des Systems zu gelangen. Die Gesamtsystemsimulation für die Kombination aus mager betriebenem Ottomotor und Hybridantriebsstrang ist eine wichtige Ergänzung zur Digitalisierung der Automobilentwicklungsprozess.

Im Rahmen der Arbeit gab es über den gesamten Inhalt folgende Veröffentlichungen: [61], [62], [63].

2 Stand der Technik

2.1 Ottomotoren mit Direkteinspritzung

2.1.1 Gemischbildung und Brennverfahren

Die Verbrennung im Verbrennungsmotor ist ein schneller Oxidationsprozess des Kraftstoffs wobei die Aufbereitung des Kraftstoff-Luft-Gemischs für eine stabile Verbrennung essentiell ist. Fahrzeugmotoren lassen sich nach äußerer und innerer Gemischbildung unterscheiden. Äußere Gemischbildung findet typischerweise im Ottomotor mit Kanaleinspritzung statt. Der Kraftstoff und die Luft werden vorwiegend im Ansaugkanal vorgemischt bevor das Gemisch in den Brennraum eintritt. Deshalb ist das Gemisch nahezu homogen und im Brennraum entsteht nach der Zündung eine Vormischverbrennung. Es birgt jedoch das Risiko, dass der Kraftstofftropfen einen Wandfilm bilden oder eine ungleichmäßige Gemischverteilung auf den einzelnen Zylinder [18].

Dieselmotoren und Ottomotoren mit Direkteinspritzung sind durch eine innere Gemischbildung gekennzeichnet, wobei Ottomotoren mit Direkteinspritzung aufgrund des niedrigen Verbrauchs und Emissionen weiterverbreitet sind. Direkteinspritzung ermöglicht ein effektives Downsizing von Ottomotoren und damit eine Verbrauchsersparnis bis zu 20 % [19]. Mittels Direkteinspritzung sind sowohl Homogenbrennverfahren als auch Magerbrennverfahren möglich.

Im Homogenbrennverfahren erfolgt die Einspritzung im Ansaugtakt. Mittels der Ladungsbewegung, die durch den Einlasskanal und die Kolbenbewegung generiert wird, und einer ausreichenden Homogenisierungszeit ergibt sich wie beim Motor mit Kanaleinspritzung eine homogene Gemischzusammensetzung. Das Luft-Kraftstoff-Verhältnis ist stöchiometrisch, d. h. $\lambda = 1$, und führt zu einer stabilen Verbrennung im gesamten Motorkennfeld. Bei diesem Brennverfahren ist der Einsatz eines Drei-Wege–Katalysators ausreichend für die Abgasnachbehandlung.

Der erste Verbrennungsmotor mit Schichtladung entstand durch die Entwicklung des Vielstoffmotors (multifuel engine) in den 1920er-Jahren [20].

© Springer Fachmedien Wiesbaden GmbH, ein Teil von Springer Nature 2019
J. Cheng, *Wirkungsgradoptimales ottomotorisches Konzept für einen Hybridantriebsstrang*, Wissenschaftliche Reihe Fahrzeugtechnik Universität Stuttgart, https://doi.org/10.1007/978-3-658-28144-1_2

Die vorteilhaften Eigenschaften von Otto- und Dieselmotor sollten dabei kombiniert werden. Bei Betrieb mit Benzinkraftstoff wird durch die Schichtung die Klopfneigung reduziert. Eine Besonderheit dieses Motors mit Schichtladung ist, dass die Momentenregelung durch genaue Dosierung des Kraftstoffs bei der Einspritzung im Verdichtungstakt erfolgt. Da auf eine Momentenregelung durch die Drosselklappe wie beim stöchiometrisch betriebenen Ottomotor verzichtet wird, ist der Drosselverlust im Teillastbetrieb im Ansaugtrakt geringer. Heutzutage ist diese kraftstoffsparende Eigenschaft eine Möglichkeit den stetig steigenden Anforderungen an Flottenverbrauchszielen nachzukommen.

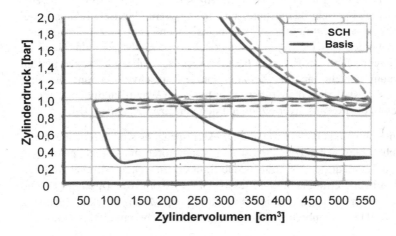

Abbildung 2.1: Ladungswechsel in homogener und geschichteter Verbrennung [1]

Der Schichtladebetrieb bei Ottomotoren mit Direkteinspritzung unterscheidet sich von anderen Betriebsarten im Wesentlichen durch den Einspritzzeitpunkt, die Drosselklappenstellung und die Zusammensetzung des Gemischs [21]. Um eine Schichtung der Ladung gezielt zu erzeugen, wird mindestens ein Teil des Kraftstoffs erst in den Verdichtungstakt eingespritzt damit die Ladung nur teilweise durchmischt wird. Die Laststeuerung erfolgt durch die Einspritzmenge des Kraftstoffs, die Drosselklappe ist in den meisten Fällen komplett geöffnet. Das Frischgas wird kaum gedrosselt angesaugt, wodurch der Prozesswirkungsgrad steigt (siehe Abbildung 2.1). Bei niedriger Lasten verfügt das Gemisch über einen mageren globalen λ-Wert von 3,0 bis 5,0 [21]. In der Nähe der Zündkerze befindet sich jedoch eine zündfähige Gemischwolke ($\lambda \approx 1$), während es an der Zylinderwand im Idealfall fast nur Frischluft gibt ($\lambda \gg 1$). Bei einer Schichtladungsverbrennung existieren hinter der Flammenfront wieterhin fette Zonen mit Reduktionsmittel (im Wesentlichen CO) und magere Zonen mit Sauerstoff. Daher verbleibt an der Grenze ($\lambda \approx 1$) eine Diffusionsflamme. Diese gekoppelte Struktur von Vormisch- und Diffusionsflamme wird auch als die Tripelflamme genannt (siehe schematische Darstellung in Abbildung 2.2) [2]. Die Zeit für die Durchmischung zu einem zündfähigen Luft-Kraftstoff-Gemisch ist kurz. Um möglichst schnell die Zerstäubung und Verdampfung des Kraftstoffs zu erzielen werden hohe Anforderungen an Einspritztechnik und Brennraumauslegung gestellt. Die Einspritzung soll möglichst kleine Kraftstoff-Tröpfchen mittels eines hohen Einspritzdrucks in den Brennraum einbringen. Ein typisches Beispiel ist das strahlgeführtes Brennverfahren. Es benötigt nach aktuellem Stand deutlich höhere Einspritzdrücke, 350 bar für Mehrlochventil und 200 bar für A-Düse, zukünftig möglicherweise auch darüber [21].

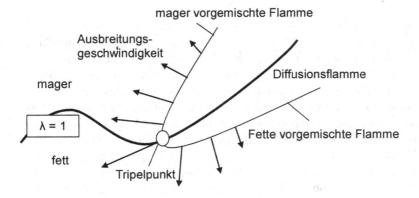

Abbildung 2.2: Schematische Darstellung der Struktur einer Tripelflamme [2]

Die Ladungsschichtung ermöglicht einen drosselfreien Teillastbetrieb und die Reduzierung der Wandwärmeverlust während der Hochdruckphase der Ver-

brennung [18]. Aufgrund des überstöchiometrischen Luft-Kraftstoff-Verhältnisses kann der Drei-Weg-Katalysator nicht mehr eingesetzt werden und zusätzliche Abgasnachbehandlung für das überschüssige Oxidationsmittel ist
nötig. Nach [11] beschränkt sich der rein geschichtete Betrieb im Drehzahlbereich bis ca. 4000 min^{-1} und im Lastbereich bis ca. 8 bar mittlere effektive
Mitteldruck (p$_{me}$, *mean effective pressure*).

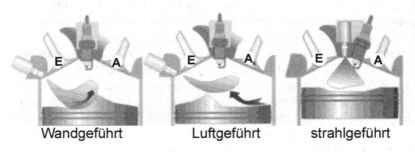

Abbildung 2.3: Einteilung der Brennverfahren von Ottomotoren mit
Direkteinspritzung [3]

Brennverfahren lassen sich nach Ablauf der Gemischbildung in wandgeführte,
luftgeführte und strahlgeführte Brennverfahren unterteilen. Die Darstellung
der Brennraumgeometrie und des Gemisch-Transportwegs der drei Brennverfahren ist in Abbildung 2.3 dargestellt. Bei wandgeführtem Brennverfahren
erfolgt der Transport des Gemischs durch die Kolbenmulde. Dabei ist eine
exzentrisch ausgelegte Kolbenmulde für die Unterstützung des Transports notwendig. Die Ladungsbewegung ist wichtig für eine optimale Kraftstoffaufbe-
reitung und sie kann als Tumble- oder Drallverfahren, oder eine Kombination
aus beiden ausgeführt werden. Das luftgeführte Brennverfahren nutzt die
Strömung aus dem Einlasskanal als Hauptträger für den Transport der Kraft-
stoffwolke. Die Kolbenmulde spielt eine untergeordnete Rolle bei der
Gemischbildung. Diese Änderung führt im Vergleich zum wandgeführten
Verfahren zu geringerer Wandbenetzung. Sowohl das luftgeführte als auch
wandgeführte Brennverfahren haben jedoch den Nachteil, dass der Betriebsbereich sehr klein ist. Da die Gemischbildung stark von der Brennraumgeometrie und Kolbenposition abhängig ist, ist die Einspritzzeit nicht frei wählbar.
Bei hohen Drehzahlen wird die Gemischführung instabil und die Gemischbil-

dung wird schlechter, während bei hoher Last das Problem der starken Ruß-
bildung auftritt. In der Praxis liegt die Grenze typischerweise bei Drehzahlen
bis 3000 min^{-1} und p_{me} bis 4 bar [2].

Die Gemischbildung eines strahlgeführten Brennverfahrens hängt wesentlich
von der Qualität des Einspritzstrahls ab. Dieses Brennverfahren kennzeichnet
sich durch den zentral angeordneten Injektor und die seitlich nah dazu positio-
nierte Zündkerze. Mit einer derartigen Anordnung wird ein zündfähiges Gemisch an der Zündkerze begünstigen. Auf Grund des sehr kurzen Abstands des
Kraftstoffstrahls zur Zündkerze muss der Injektor mit hohem Druck in kurzer
Zeit sehr kleine Spraytropfen erzeugen können, so dass der Kraftstoff möglichst verdampft. Das strahlgeführte Brennverfahren verfügt im Vergleich zu
den zwei anderen Magerbrennverfahren über ein deutlich größeres Potenzial
bezüglich des Verbrauchs und den Emissionen. In heutigen Serienmotoren
wird nur das strahlgeführte Brennverfahren beim Magerbetrieb eingesetzt
[19].

2.1.2 Betriebsarten

Hinsichtlich des beschränkten Einsatzbereichs der Mager-Betriebsarten aufgrund der Brennstabilität und der Emissionen, muss der Motor mit Magerkonzept auch stöchiometrisch betrieben werden. Die jeweils optimale Betriebsart
bestimmt der angeforderte Lastpunkt. unterschiedlichen Betriebsarten werden
prinzipiell anhand des Betriebspunkts gewählt. Die folgende Vorstellung der
Betriebsarten betrifft nur den Versuchsträger dieser Arbeit. Dabei wird ein 4-
Zylinder-Ottomotor von Mercedes Benz mit BlueDIRECT® Technologie verwendet [22].

Die Einteilung der drei Betriebsarten im Drehzahl-Last-Bereich ist Abbildung
2.4 zu entnehmen. Im unteren Teillastbereich kommt der sogenannte Schichtbetrieb (SCH) zum Einsatz, bei dem eine Ladungsschichtung mittels Einspritzungen im Verdichtungstakt erzeugt wird. Global liegt im Zylinder ein
mageres Luft-Kraftstoff-Verhältnis vor. Darüber schließt sich der Homogen-
Schicht-Betrieb (HOS) an, der durch die Einspritzungen während des
Ansaugtakts als auch des Verdichtungstakts charakterisiert ist. So bildet sich
ein homogen mageres Grundgemisch, welches aufgrund der lokalen Anfettung
entflammt werden kann. Für den restlichen Betriebsbereich kommt der stöchiometrische Homogenbetrieb (HOM) zum Einsatz, bei dem die meisten

Einspritzungen im Ansaugtakt stattfinden. Neben den drei in Abbildung 2.4 dargestellten Betriebsarten gibt es noch den Homogen-Split-Betrieb (HSP) als eine Sonderform des Homogenbetriebs. Dieser ist nicht in der Abbildung eingezeichnet, da dieser hauptsächlich im Warmlauf eingesetzt wird. Im HSP-Betrieb erfolgt zusätzlich zur Haupteinspritzung im Ansaugtakt eine Teileinspritzung kurz vor Zündzeitpunkt, die die Verbrennung stabilisiert, womit sich der Zündzeitpunkt extrem nach spät verstellen lässt. In Folge dessen wird die chemische Energie zum großen Teil zu Abwärme umgewandelt und die Temperatur im Abgaskrümmer bzw. Abgasnachbehandlungssystem in kurzer Zeit erhöht.

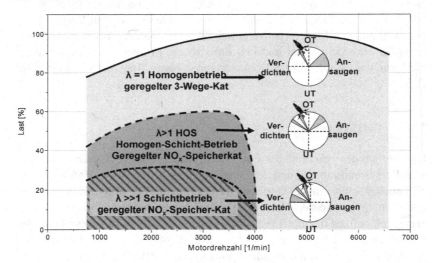

Abbildung 2.4: Hauptbetriebsarten im Motorkennfeld [4]

Da die im mageren Betrieb entstehenden Stickoxide (NO_x) wegen des überstöchiometrischen Luft-Kraftstoff-Verhältnisses in Abgas nicht völlig reduziert werden können, benötigt der Ottomotor mit Magerkonzept neben einem Drei-Wege-Katalysator zusätzlich eine aufwändigere und temperaturempfindliche Abgasnachbehandlungstechnik. Der Versuchsträger in dieser Arbeit hat für die Betriebsarten SCH und HOS einen NO_x-Speicherkatalysator verbaut, dessen Aufbau in Kapitel 5.4 näher beschrieben wird.

Die Direkteinspritzung ermöglicht die Verbrauchsabsenkung durch Schicht-bzw. Magerbetrieb bei Ottomotoren. Die Nutzung von Magerkonzepten ist zur Verbrauchsreduzierung aber nicht nur sinnvoll, weil der Ladungswechselverlust durch Entdrosselung gesenkt wird. Die Vergrößerung des thermischen Wirkungsgrades durch die Erhöhung der Isentropen-Exponenten und die Verringerung der Wandwärmeverluste durch geringere Gemischdichten im Wandbereich tragen ebenfalls dazu bei [18]. In [22] hat ein Ottomotor mit sechs Zylindern im SCH-Betrieb beim Betriebspunkt n=2000 min^{-1}, p_{me}=2 bar 17 % Verbrauchsvorteil gegenüber homogenem Betrieb erzielt, der HOS-Betrieb immer noch 6,5 % Verbrauchsvorteil bis p_{me}=7 bar (n=2000 min^{-1}). Laut [18] ist mit Magerkonzepten in den derzeit üblichen europäischen, amerikanischen und japanischen Testzyklen eine Verbrauchsreduzierung von 10 % bis 15 % möglich. Der Ottomotor mit Magerbetrieb als wirkungsgradoptimaler Motor wird in dieser Arbeit im Zusammenspiel mit einem hybridisierten Antrieb untersucht. Der nächste Abschnitt stellt Grundlage des Hybridantriebs vor und erläutert die Betriebsmodi und Betriebsstrategie des Versuchsträgers.

2.2 Hybridantrieb

2.2.1 Grundlage zum Hybridantrieb

Die Idee einer Kombination vom Verbrennungs- und Elektromotor in einem Antriebsstrang ist fast so alt wie das Automobil selbst. Schon in Jahr 1900 entwarf Ferdinand Porsche den „Lohner-Porsche Mixte", welcher über einen seriellen Hybridantrieb mit Radnaben-Elektromotoren und einen 4-Zylinder-Verbrennungsmotor von Daimler [18] verfügte. Streng genommen entspricht die Definition „Hybridfahrzeug" einem Fahrzeug das mindestens zwei verschiedene Energiewandler als die Antriebsquelle besitzt [23]. Diese Definition schließt allerdings auch das Brennstoffzellenfahrzeug oder ein Fahrzeug mit Superkondensatoren mit ein.

Vor 100 Jahren diente die Erfindung des Hybridfahrzeugs dazu, die damaligen Probleme bei der Regelung des Verbrennungsmotors und bei der Kraftübertragung (Schaltgetriebe und Kupplung) durch die Einführung des Elektromotors zu überbrücken [24]. Heutzutage bezweckt die Entwicklung des Hybridfahrzeugs die Reduzierung der CO_2 Emissionen und die Einhaltung der

Schadstoffemissionen, während die Vorteile des konventionellen verbrennungsmotorischen Antriebs wie große Reichweite und hohe Leistung erhalten werden.

Ein hybridisierter Antriebsstrang besitzt neben den konventionellen Bestandteilen (Verbrennungsmotor, Getriebe, Differential usw.) auch die Bauteile für die Elektrifizierung. Die Wichtigsten darunter sind der Elektromotor inklusive Leistungselektronik und der elektrische Energiespeicher. Die erhöhte Anzahl an Antriebselementen mit unterschiedlichen Eigenschaften erfordert für eine optimale Betriebsweise ein komplexes Energie-Management-System.

■   Verbrennungsmotor

Der Otto-, Diesel-, und sogar der Erdgasmotor gleichen im Hybridantriebsstrang von der Konstruktion her prinzipiell dem im konventionellen Antriebsstrang. „Downsizing" und Anpassungen an der Aufladungstechnik sind bevorzugte Maßnahmen beim Einsatz im Hybridantriebsstrang, da kurzfristige hohe Anforderungen an den Momentspitzen mit Hilfe des Elektromotors erfüllt werden können. Die durchschnittlichen Betriebspunkte des Verbrennungsmotors mit kleinerem Hubraum fallen somit in Betriebsbereiche mit besserem Wirkungsgrad. Anders als der Verbrennungsmotor lässt sich der Elektromotor so auslegen, dass er ein relativ hohes Drehmoment bei niedriger Drehzahl (siehe Abbildung 2.5) darstellen kann. Diese günstige Eigenschaft des Elektromotors hilft, im hybridisierten Antriebsstrang das „Turboloch" zu überwinden. Ferner kann auf eine Doppelaufladung verzichtet werden, da der Bedarf an einem schnellen Ansprechverhalten im Hybridantriebsstrang durch den Elektromotor abgedeckt werden kann [25].

Bei einem modernen hybridisierten Antriebstrang wird in der Regel nicht nur im Stillstand der Verbrennungsmotor abgeschaltet, auch während der Fahrt kann dieser je nach Hybridisierungsgrad für längere Phasen abgeschaltet bleiben. Dieses Betriebsverhalten führt besonders im Stadtverkehr, wenn die Geschwindigkeiten und Lastanforderungen niedrig sind, zu niedriger Betriebstemperatur des Verbrennungsmotors und der Abgasanlage. Dieses Verhalten kann die Emissionen des Fahrzeugs negativ beeinflussen. Für den Hybridantriebsstrang mit Diesel- oder Ottomotor mit magerem Brennverfahren muss beim Abgasnachbehandlungssystem beachtet werden, dass die Systemtemperatur nicht aus dem geeigneten Betriebstemperaturband fällt. Diese Herausforderung lässt sich durch eine Anpassung der Betriebsstrategie oder, im Falle von zu niedriger Temperatur, durch eine elektrische Katheizung lösen. Ein häufiger Motor-Start-Stopp stellt zudem höhere Anforderungen an die Schmierung der Zylinderlaufbahnen [18], und kann auch zu Problemen wie Kraftstoffeintrag in das Motoröl führen.

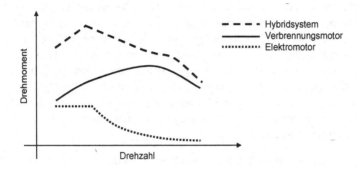

Abbildung 2.5: Drehzahl-Drehmomentverläufe verschiedener Antriebselemente

■ Elektromotor

Der moderne Elektromotor im Hybridfahrzeug lässt sich sowohl motorisch als auch generatorisch betreiben. Im beiden Betriebsquadranten haben Elektromotoren einen guten Wirkungsgrad (80 % - 95 %) im Vergleich zu einer Kolbenkraftmaschine. Durch das schnelle Ansprechverhalten dient der Elektromotor als eine gute Kompensation zum langsamen Ansprechverhalten des Verbrennungsmotors besonders im niedrigen Drehzahlbereich. Elektromotoren lassen sich nach Bauarten in Gleichstrommaschinen und Wechselstrommaschinen aufteilen [18, 24]. Die Wechselstrommaschinen werden aufgrund des hohen Wirkungsgrads am meisten verwendet. In der Praxis werden bisher nur zwei Ausführungen der Wechselstrommaschinen, nämlich die Asynchronmaschine (z. B. BMW Mini, Reva, Tata, Think) und die permanenterregte Synchronmaschine (z. B. E-Smart und die Hybridfahrzeuge von Toyota, Honda und Daimler) eingesetzt [5].

■ Elektrischer Energiespeicher

Beim elektrischen Energiespeicher sind die Energiedichte (Kapazität pro Masse) und die Leistungsdichte (Leistung pro Masse) die zwei wichtigsten Kriterien für die Auswahl der Fahrzeugbatterie. Die Energiedichte ist für das Elektrofahrzeug aufgrund von Bauraumrestriktionen und dem Wunsch nach großer Reichweite entscheidend. Das Hybridfahrzeug dagegen besitzt neben der Batterie auch den Kraftstoff als Energieträger, welcher über eine viel höhere Energiedichte verfügt. Bei der Auswahl einer geeigneten Batterie für Hybridfahrzeuge ist somit je nach Hybridisierungsgrad auch die Leistungsdichte ein entscheidendes Kriterium [24]. Außer diesen beiden Kriterien müssen auch Anforderungen wie z. B. Entlade- und Ladeeigenschaften, Lebensdauer, Sicherheitsfaktoren, Produktions-, und Entsorgungskosten, sowie Umweltfaktoren berücksichtigt werden.

Die Einteilung von Batteriearten erfolgt oft nach Material der Anode und der Kathode. Die gebräuchlichen Batterievarianten und deren Energiedichten bzw. Leistungsdichten werden u. a. im sogenannten Ragone-Diagramm (Abbildung 2.6) dargestellt.

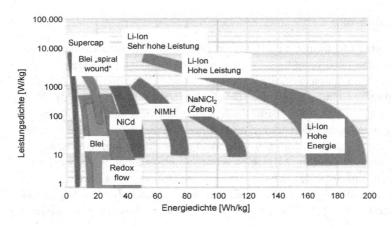

Abbildung 2.6: Ragone-Diagramm für elektrische Energiespeicher [5]

Die Blei-Batterie (Pb/PbO_2) findet dabei nur im konventionellen Fahrzeug Anwendung. Für Hybridfahrzeuge ist ein Hochleistungsspeicher mit einer

Leistungsdichte erst ab 1 kW/kg sinnvoll, weil der Mehrverbrauch durch das Zusatzgewicht der elektrischen Komponenten, besonders das der Batterie, durch den besseren Antriebswirkungsgrad überkompensiert werden muss [26]. Diese Tatsache, kombiniert mit einer Kostenrechnung, hat dazu geführt, dass Lithium-Ionen-Batterien (Li-Ion) und Nickel-Metallhydrid-Batterien (Ni-MH) bei kommerziellen Hybridfahrzeugen weit verbreitet sind.

Um einen sicheren Betrieb im Hybridfahrzeug zu gewährleisten, wird ein Batterie-Management-System (BMS) benötigt. Die Batterieüberwachung als deren Hauptbestandteil misst die Spannung, den Strom und die Temperatur einzelner Zellen und berechnet daraus unter anderem die wichtigen Kenngrößen wie Systemspannung, Systemstrom, Innenwiderstand, Ladezustand (SOC, State Of Charge), Entladungsgrad (DOD, Depth Of Discharge), Batteriezustand (SOF, State Of Function) und Alterungszustand (SOH, State Of Health). Die Zellüberwachung ist besonders wichtig für Li-Ionen-Batterien weil sie gegen Kurzschluss und Überladung sichert [18]. Die Informationen aus dem BMS beeinflussen diverse Vorgänge im Fahrzeug, wie zum Beispiel das Auflade/Entlade-Verhalten, die Batteriekühlung oder die Berechnung der elektrischen Reichweite und die Betriebsstrategie.

■ Klassifizierung

Hybridfahrzeuge können sich sowohl bei der Antriebsstrangstruktur als auch im Hybridisierungsgrad unterscheiden. Die erste Klassifizierung basiert auf der Grundstruktur des Hybridantriebstrangs bezüglich Bauart, Anzahl und Anordnung von Verbrennungsmotor, Elektromotor und Getriebe. Abbildung 2.7. stellt vereinfacht drei repräsentative Konfigurationen mit unterschiedlichen Energieflüssen dar.

In einem seriellen Hybridantrieb treibt der Verbrennungsmotor den Abtrieb nicht direkt an. Er läuft in einem verbrauchsgünstigen Betriebsbereich und die mechanische Energie wird von dem angebundenen Generator in elektrische Energie umgewandelt. Anschließend wird die elektrische Energie entweder durch einen weiteren Elektromotor für den Antrieb genutzt oder in der Batterie gespeichert. Trotz der günstigen Betriebsbedingung des Verbrennungsmotors sind die mehrmaligen Konvertierungen von chemischer Energie im fossilen Kraftstoff bis in die kinetische Bewegungsenergie des Fahrzeugs sehr ineffizient. Da ausschließlich der Elektromotor zum Antrieb dient, kann das Getriebe in dieser Konfiguration gegebenenfalls entfallen. Dies führt zur Reduzierung des Fahrzeuggewichts und einem verbesserten Wirkungsgrad.

Insgesamt ist der Kraftstoffverbrauch eines seriellen Hybridantriebs ohne externe Lademöglichkeit bisher höher als der eines konventionellen verbrennungsmotorischen Direktantriebs [24]. Das serielle Hybridfahrzeug ist im Prinzip ein Elektrofahrzeug mit einem Verbrennungsmotorsystem als erweiterter Stromerzeuger. Das größte Problem der Elektroautos auf dem Markt ist die durch die Batterie beschränkte Reichweite, während die Reichweite von konventionellen Antrieben durch die hohe Energiedichte des fossilen Kraftstoffs größer ausfällt und eine Betankung deutlich weniger Zeit in Anspruch nimmt als entsprechende Ladevorgänge. Da diese Kombination im seriellen Antriebsstrang die Reichwiete des Fahrzeugs wesentlich erhöht, ist dieses Prinzip auch als „Range-Extender" bekannt.

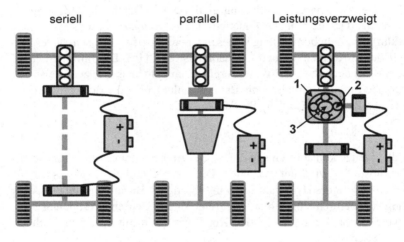

Abbildung 2.7: drei klassische Konfigurationen des Hybridfahrzeugs

Im parallelen Hybridantrieb kann der Verbrennungsmotor den Antriebsstrang direkt antreiben, mit oder ohne Überlagerung der Leistung des Elektromotors. Je nach Getriebeauslegung kann die Überlagerung in Form einer Drehmomentaddition (z. B. durch direkte Kopplung, Stirnradgetriebe oder Kette), einer Drehzahladdition (z. B. durch Planetengetriebe) oder einer Zugkraftaddition (der Elektromotor und der Verbrennungsmotor wirken auf unterschiedliche Antriebsachsen) stattfinden [24]. Anders als beim seriellen und leistungsverzweigten Hybridfahrzeug wird im parallelen Hybridfahrzeug nur ein Elektromotor benötigt, welcher sowohl motorisch als auch generatorisch betrieben werden kann. Der Umbau von einem konventionellen Antriebs-strang zu parallelem Hybridfahrzeug ist im Vergleich zu den anderen Konfi-gurationen mit geringerem Aufwand zu bewerkstelligen [25]. Da es beim parallelen Hybridfahrzeug weniger Energieumwandlung gibt und die Lastpunktverschiebung des Verbrennungsmotors zu Gunsten des Verbrauchs möglich ist, weist der parallele Hybridantriebsstrang gegenüber dem seriellen Hybridantriebsstrang einen guten Gesamtwirkungsgrad auf. Der Elektromotor kann an verschiedenen Stellen des Antriebsstrangs platziert sein, wonach eine weitere Unterteilung von parallelen Hybridfahrzeugen möglich ist. Die Benen-nung der Unterkategorien nach der Anordnung des Elektromotors stammt aus einer „Daimler-Nomenklatur" (Abbildung 2.8) [6]. In einer P1-Anordnung ist der Elektromotor drehfest mit dem Verbrennungsmotor verbunden. In einer P2-Anordnung sitzt der Elektromotor am Getriebeeingang und deren Trennung von dem Verbrennungsmotor lässt sich durch eine Kupplung er-möglichen. Der Versuchsträger dieser Arbeit besitzt eine P2-Struktur. In einer P3-Anordnung wird der Elektromotor hinter dem Getriebe platziert und in einer P4-Anordnung wird der Elektromotor an einer separaten, nicht vom Verbrennungsmotor angetriebener Achse angebracht.

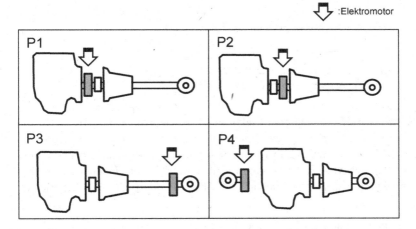

Abbildung 2.8: Unterteilung des parallelen Hybridfahrzeugs [6]

Das leistungsverzweigte Hybridfahrzeug (auch als gemischtes Hybridfahr-zeug bekannt) teilt die Leistungsabgabe des Verbrennungsmotors in den me-chanische und den elektrischen Pfad auf und kann als eine Mischung aus dem seriellen und dem parallelen Hybridfahrzeug verstanden werden, welches durch ein Planetengetriebe realisiert wird. Wie Abbildung 2.7 rechts zeigt, besteht sich das Planetengetriebe aus einem Hohlrad 1, mehreren Planetenräder 2 und einem Sonnenrad 3. Das Hohlrad ist mit einem Elektromotor und Antriebsachse verbunden und treibt das Fahrzeug an, während die Planetenräder mit dem Verbrennungsmotor verbunden sind und das Sonnenrad mit zweitem Elektromotor verbunden ist. Das Planetengetriebe und die zwei Elektromotoren ermöglichen eine stufenlos einstellbare Übersetzung. Dies bringt nicht nur Vorteile bezüglich Komforts, mit dem elektrischen Leistungspfad zusammenwirkend kann der Verbrennungsmotor in verbrauchsgünstigen Betriebsreichen laufen. Ähnlich wie bei dem seriellen Hybridfahrzeug verschlechtert die Energieumwandlungskette über den elektrischen Pfad jedoch auch hier den Gesamtwirkungsgrad.

Hybridfahrzeuge lassen sich u. a. nach Beteiligungsanteil der elektrischen Leistung an der Erfüllung der gesamten Fahrleistungsanforderung einteilen. Gl. 2.1 stellt die Definition des Elektrifizierungsgrads dar. Das Mikrohybridfahrzeug bewegt sich im Bereich H=5 %, das Mildhybridfahrzeug bei ca. H=10 % und bei H>25 % kann von einem Vollhybridfahrzeug gesprochen werden [18]. Oftmals erfolgt diese Klassifizierung aber auch nach der absoluten Leistung des Elektromotors (siehe Tabelle 2.1).

$$H = \frac{P_{elektrisch}}{P_{elektrisch} + P_{verbrennungsmotorisch}} \times 100\ \% \qquad \text{Gl. 2.1}$$

Im Mikrohybridfahrzeug ist der Elektromotor so klein dimensioniert, dass dieser die direkte Antriebsaufgabe nicht allein übernehmen kann, sondern ist hauptsächlich als Start-Stopp-System gedacht. Das Mikrohybridfahrzeug unterscheidet sich von einem konventionellen Antrieb mit einem Start-Stopp-System dadurch, dass es nur einen kleinen Teil der Bremsenergie rekuperieren kann.

Ein Mildhybridfahrzeug kann zusätzlich zu allen Funktionalitäten des Mikrohybridfahrzeugs die Bremsenergie mit höherer Leistung rekuperieren, und der Elektromotor unterstützt den Verbrennungsmotor direkt beim Fahren. Ferner ist auch Betriebspunktverschiebung des Verbrennungsmotors möglich. Durch den Einsatz der Hochvoltbatterie und des angepassten Elektromotors ist der Spannungsbereich von kleiner 42 V beim Mikrohybridfahrzeug auf 42-150 V angehoben. Dies führt zu einer Effizienzsteigerung bei der Rekuperation und der Reduzierung der Startzeit [24].

Tabelle 2.1: Hybridfahrzeuge unterteilt nach Elektrifizierungsgrad und jeweils verfügbare Funktionen [11]

		Mikrohybrid	Mildhybrid	Vollhybrid
Leistungsbereich (kw)		3-10	10-20	>20
Funktionen	Start-Stopp	√	√	√
	Rekuperation	√	√	√
	Nebenaggregate	×	√	√
	Elektrische Fahren	×	×	√
	Boostbetrieb	×	×	√

Das Vollhybridfahrzeug zeichnet sich dadurch aus, dass es mit Hilfe des leistungsstarken Elektromotors und großer Batterie über lange Strecken rein elektrisch fahren kann. Der Spannungsbereich des Vollhybridantriebstrangs kann bei über 300 V liegen [11]. Das Plug-In-Hybridfahrzeug ist eine leistungsstarke Variante des Vollhybridfahrzeugs, dessen Batterie mittels externer Stromquelle aufladen werden kann. Dementsprechend muss eine Batterie mit großer Kapazität verbaut werden. Anders als die bei den restlichen Hybridkonfigurationen, bei denen die Batterie als „Energie-Puffer" des Verbrennungsmotors dient, steht beim Plug-In-Hybridfahrzeug die lokal emissionsfreie elektrische Fahrt im Vordergrund.

2.2.2 Betriebsmodi eines P2-Hybridfahrzeugs

Da der in dieser Arbeit zu untersuchende Hybridantriebsstrang ein Plug-In-Hybridfahrzeug mit P2-Anordnung ist, führen zwei Antriebskraftmaschinen mehrere Antriebsmöglichkeiten in das System ein. Je nach Fahrzeugkonfiguration stehen im Antriebsstrang verschiedene Betriebsmodi zur Verfügung. Außer reinem verbrennungsmotorischem Betrieb hat das P2-Hybridfahrzeug prinzipiell vier Betriebsmodi, die in Abbildung 2.9 graphisch dargestellt sind.

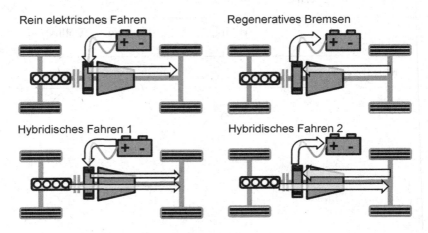

Abbildung 2.9: Betriebsmodi eines P2-Hybridfahrzeugs

■ Rein Elektrisches Fahren

Beim rein elektrischen Fahren erfolgt der Antrieb nur durch den Elektromotor. Dafür werden ein Elektromotor und Batteriesystem mit gesteigerter Leistung sowie einen vom Antriebsstrang abkoppelbaren Verbrennungsmotor benötigt. Das Plug-In-Hybridfahrzeug mit großer Batteriekapazität und der externen Aufladungsmöglichkeit ist dafür besonders geeignet. Dieser Modus ermöglicht es, ein leistungsstarkes Hybridfahrzeug lokal emissionsfrei in den Städten oder in den Regionen mit starken Restriktionen für Verbrennungsmotoren zu fahren.

■ Regeneratives Bremsen

In konventionellem Antriebsstrang wird kinetische Bremsenergie beim Bremsenvorgang in Abwärme gewandelt und geht somit verloren. Beim regenerativen Bremsen fungiert der Elektromotor als Generator und die rekuperierte

Bremsenenergie wird in der Batterie gespeichert. Bedingt durch das hydraulische Bremssystem, Fahrstabilitätsgrenzen und die Leistungsbegrenzung des Elektromotors ist die rekuperierbare Energie jedoch oft beschränkt.

▣ Hybridisches Fahren

Beim hybridischen Fahren sind der Elektromotor und der Verbrennungsmotor gleichzeitig im Einsatz. Der Elektromotor ermöglicht die Lastpunktverschiebung beim Verbrennungsmotor, womit dieser unabhängig von der Fahranforderung in Betriebsbereichen mit besserem Verbrauch bzw. Emissionen laufen kann. Je nach Betriebszustand des Elektromotors ergeben sich zwei Fahrszenarien: Wenn der Elektromotor motorisch läuft, wird der Verbrennungsmotor von der ursprünglichen Fahranforderung abgelastet. Die beiden Motoren treiben zusammen den Antriebsstrang an (Abbildung 2.9 Hybridisches Fahren 1). Im anderen Fall befindet sich der Elektromotor im generatorischen Betrieb, wobei der Verbrennungsmotor aufgelastet wird und die mechanische Leistung benutzt wird um die Batterie zu laden (Abbildung 2.9 Hybridisches Fahren 2).

2.2.3 Auslegung der Betriebsstrategie

Die P2-Konfiguration mit seinen zwei Antriebsmaschinen im parallelen Hybridantriebsstrang hat folgende Freiheitsgrade in das System eingeführt: die Ein- und Ausschaltung des Verbrennungsmotors sowie die Leistungsverteilung zwischen den beiden Antriebskraftmaschinen. Auf dieser Basis gibt es verschiedene Hybridspezifische Betriebsmodi, die im vorangegangenen Kapitel vorgestellt wurden. Eine gut ausgelegte Betriebsstrategie für die Steuerung der Betriebsmodi ist sowohl für die effiziente Ausnutzung des Kraftstoffs als auch für einen komfortablen Betrieb notwendig.

Eine erste klassische Kategorisierung der Hybridbetriebsstrategie kann nach dem Unterscheidungsprinzip, ob Informationen über die zukünftigen Fahrbedingungen vorhanden sind, erfolgen [10]. Liegen dieses vor, wird der Einsatz einer sogenannten nicht-kausalen Betriebsstrategie ermöglicht. Beispiele für a priori bekannte Fahrsituationen sind definierte Testzyklen, immer gleiche Busrouten, oder Fahrten, bei denen sich aus GPS Daten geografischen Informationen und Wahrscheinlichkeiten Informationen für die Zukunft gewinnen lassen. Besonders bei autarken Hybridfahrzeugen mit begrenzter Batteriekapazität führt diese Information zu einer Optimierung der Betriebsstrategie. So lässt sich im Voraus der Ladezustand der Batterie einstellen, damit bei Rekuperationsphasen komplett genutzt werden können, und auch genügend elektrische Energie zur Verfügung gestellt werden kann, wenn elektrische Unterstützung nötig ist. Um aus diesen Informationen eine optimierte Betriebsstrategie abzuleiten, werden bestimmte Optimierungsalgorithmen verwendet. So bietet die Dynamische Programmierung (DP) eine global optimale Lösung falls der Geschwindigkeitsverlauf der gesamten Fahrstrecke vorhanden ist. Die Fahrzeit, die Systemzustände (z. B. Batterieladezustand) und die Regelgrößen werden dazu diskretisiert. Die optimale Lösung für das Minimum einer Kostenfunktion wird rückwärts diskret berechnet. Der Rechenaufwand steigt dabei exponentiell mit der Zahl der berücksichtigten Systemzustände [27]. In [28] wird eine DP Funktion für Matlab entwickelt, welches das zeitdiskrete Regelungsproblem auf Basis der Bellmanschen dynamischen Programmierung löst. Die DP dient meistens dazu, das Verbrauchspotenzial einer bestimmten Hybridfahrzeugkonfiguration zu optimieren. Diese Ergebnisse werden oft auch als Vergleichsmerkmale benutzt, um die Optimierungsergebnisse der nicht global optimierenden Algorithmen, oder einer regelbasierten Betriebsstrategie zu bewerten [27]. Mit wohlüberlegter Eingrenzung der Steuergrößen und der Einschränkung des Suchraums wird der Rechenaufwand der DP wesentlich reduziert. Dies ermöglicht es, eine DP in einem Hybridfahrzeug mit prädiktiver Telematikinformation in Echtzeit anzuwenden [29].

Wenn diese Vorausschauinformationen nicht verfügbar sind und das Fahrprofil auch nicht a priori bekannt ist, kann die Betriebsstrategie nur auf Basis der Systemzustände, der vergangenen sowie gerade stattfindenden Ereignissen reagieren. In diesem Fall wird von einer kausalen Betriebsstrategie gesprochen. Die meisten Hybridfahrzeuge auf dem Markt sind mit einer kausalen, regelbasierten Betriebsstrategie ausgestattet. Der Optimierungsalgorithmus ECMS (*Equivalent Consumption Minimization Strategy*) dient oft für die Optimierung der kausalen Betriebsstrategie. Dieser Algorithmus minimiert einen gesamten äquivalenten Verbrauch, welcher sich aus dem wahren Verbrauch des Verbrennungsmotors und einem äquivalenten Verbrauch des Elektromotors zusammensetzt. Die Momentenverteilung zwischen den beiden Maschinen wird optimiert, um den lokal besten äquivalenten Verbrauch zu erzielen [30]. Die Einführung der ECMS hat die Anwendung von Optimierungsalgorithmen in Echtzeit im Hybridfahrzeug vorangetrieben [31]. [32] hat eine online-rechnende ECMS für ein autarkes paralleles Hybridfahrzeug entworfen. A-ECMS ist eine Erweiterung der ECMS durch periodische Aktualisierung der Betriebs-strategie anhand der aktuellen Fahranforderung, womit der Verbrauch opti-miert wird [33]. Wenn Informationen über die ganze Fahrstrecke vorhanden sind, kann der ECMS Algorithmus auch eine globale Optimierung durchfüh-ren, ist dann aber der Kategorie der nicht-kausalen Algorithmen zuzuordnen. Im Vergleich zu den kausalen Algorithmen gelten die nicht-kausalen Algorith-men als optimal, weil die nicht-kausalen Algorithmen die ganze Zustandstra-jektorie berücksichtigen und damit global optimale Ergebnisse liefern können.

Eine andere Klassifizierung der Betriebsstrategie richtet sich danach, ob die Betriebsstrategie mittels eines Optimierungsalgorithmus abgeleitet wird [10]. Bei der heuristischen oder regelbasierten Betriebsstrategie ist dies nicht der Fall: Die Regelung des Hybridfahrzeugs wird durch bestimmte Ereignisse und Systemzustände bestimmt. Die regelbasierte Betriebsstrategie kann entweder deterministisch oder Fuzzylogik-basierend sein [34]. In dem deterministischen regelbasierten Ansatz arbeitet das Steuergerät prinzipiell anhand fester Re-geln. Zugrundeliegende Kennfelder dienen der Vorsteuerung und transiente Fahrsituation sowie Systembeschränkung beeinflussen die Entscheidung. Im frühen Entwicklungsstadium des Hybridfahrzeugs stammt die Betriebsstrate-gie oft aus heuristischen Überlegungen, die aus den Erfahrungen über das Hybridantriebssystem gewonnen wurden [27]. Z. B. kann der Verbrennungs-motor im Bereich niedriger Drehzahl als eine Kolbenmaschine physikalisch bedingt nur ein relativ begrenztes Drehmoment liefern. Der Elektromotor ist eher eingeschränkt durch die Leistung. Daher bevorzugt die regelbasierte Be-triebsstrategie bei niedriger Fahrgeschwindigkeit elektrisch zu fahren. Die so ermittelte regelbasierte Betriebsstrategie gilt als die gängigste Lösung für die meisten kommerziellen Hybridfahrzeuge [10]. In [35] wird die Regelung aus Ergebnissen der DP extrahiert und in die Betriebsstrategie implementiert. In [36] wird eine regelbasierte Betriebsstrategie vorgestellt, die von verbrauchs-optimalem Prinzip abgeleitet wird.

Der Fuzzylogik Controller stellt eine andere Implementierungsmöglichkeit der Regelung dar. Die als Regel hinterlegten Kennfelder werden mittels Fuzzylo-gik generiert und die Umschaltgrenzen für verschiedene Betriebsmodi sind nicht starr [37]. Der Fahrerwunsch, der Ladezustand der Batterie und die Dreh-zahl des Verbrennungsmotors werden in einem Fuzzylogik Controller benutzt, um eine verbrauchsgünstige Momentaufteilung zwischen dem Elektromotor und dem Verbrennungsmotor zu erzielen [38]. Die Fuzzylogik ist geeignet für nichtlineare zeitvariante Systeme, wobei die resultierende Strategie robust und flexibel ist. Im Vergleich zur deterministischen regelbasierten Strategie befindet sich die Fuzzylogik auf einer höheren Abstraktionsebene und reduziert damit den Rechenaufwand [34]. Allerdings muss die Anzahl der Eingangsgrößen für die Regelimplementierung niedrig gehalten werden, damit die resultierenden Kennfelder funktionieren [10].

Die regelbasierten Ansätze sind generell weniger rechenaufwändig, mit dem Nachteil, dass sie sehr fahrzeug- bzw. streckenspezifisch, und schwierig skalierbar sind.

Die auf einer Optimierung basierenden Ansätze schließen die DP und ECMS ein, die vorher schon vorgestellt wurden. Eine analytische Vorgehensweise basiert auf dem Pontrjaginschen Minimierungsprinzip (PMP), welche von der Euler–Lagrange-Gleichung abgeleitet ist. Diese benutzt eine Hamiltonische Funktion als Optimierungsfunktion [39]. Es ist auch möglich, eine ECMS mittels PMP zu entwerfen [40]. Aufgrund der Flexibilität des ECMS Optimierungsalgorithmus wird dieser Ansatz als eine Offline-Optimierungsmethode der Hybrid-Betriebsstrategie in Kapitel 7 detailliert diskutiert.

3 Gesamtsystemmodellierung für Hybridfahrzeug

Zunächst wird in diesem Kapitel das gängige Aufbauprinzip einer Gesamtsystemsimulation für das Hybridfahrzeug erläutert. Die Prämisse für das Simulationsmodell des Gesamtsystems ist durch die Abbildung des Fahrzeugverhaltens Verbrauch und Rohemissionen mit der notwendigen Dynamik möglichst in Echtzeit zu prognostizieren. Der Fokus liegt dabei auf der Modellierung des Verbrennungsmotors.

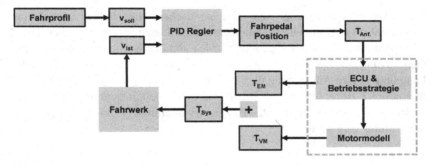

Abbildung 3.1: Regelkreis des Gesamtsystemmodells

Als Basis für das Gesamtsystemmodell dient ein vorwärtsrechnendes null-dimensionales Gesamtfahrzeugmodell. Abbildung 3.1 zeigt den Regelkreis des Fahrzeugmodells. Das virtuelle Fahrzeug muss ein zeitabhängiges Geschwindigkeitsprofil während der Simulation nachfahren. Aus dem Vergleich der Soll-Fahrgeschwindigkeit v_{Soll} und der Ist-Fahr-geschwindigkeit v_{Ist} wird durch einen PID-Regler, der das Fahrverhalten eines menschlichen Fahrers emuliert, die Fahrpedal-Position (Gaspedal/Bremspedal) ermittelt. Daraus wird ein angefordertes Drehmoment T_{Anf} berechnet und an die Momentkoordinationsfunktionen des Motorsteuergeräts weitergegeben. Bei einem Hybridfahrzeug mit P2-Antriebsstrang, erfolgt eine Momentaufteilung zwischen dem Elektromotor und dem Verbrennungsmotor, welche durch die Hybridbetriebsstrategie bestimmt wird. Das transiente Verhalten des Verbrennungsmotors hinsichtlich Emissionen kann sehr stark vom statischen abweichen. Daher

© Springer Fachmedien Wiesbaden GmbH, ein Teil von Springer Nature 2019
J. Cheng, *Wirkungsgradoptimales ottomotorisches Konzept für einen Hybridantriebsstrang*, Wissenschaftliche Reihe Fahrzeugtechnik Universität Stuttgart, https://doi.org/10.1007/978-3-658-28144-1_3

wird ein detailliertes Simulationsmodell für die Steuerung des Verbrennungs-motors, dessen Rohemissionsentstehung und Abgasnachbehandlung für die Untersuchung benötigt (markiert mit Strichlinien in Abbildung 3.1). Damit sollen sich unter realitätsnahen Bedingungen Emissionen und Kraftstoffver-brauch ermitteln lassen. Das Summendrehmoment des Verbrennungsmotors und dem Drehmoment des Elektromotors wird als das Antriebsmoment an das Getriebe übertragen. Schließlich wird die mittels Momentenbilanz am Fahr-zeugrad die Antriebskraft und die sich daraus ergebende Rotationsbeschleuni-gung berechnet. Daraus ergibt sich v_{Ist}, die den Regelkreis des Gesamtsystems schließt.

Parallel zu diesem Gesamtsystem mit dynamischem Motormodell ist auch ein Simulationsmodell mit einem stationären abgebildeten Motor verfügbar. Die-se vereinfachte Version soll genutzt werden, um den Rechenaufwand bei der Generierung der Betriebsstrategie zu reduzieren. Eine detaillierte Beschrei-bung über dessen Anwendung für Optimierung der Hybridbetriebsstrategie ist in Kapitel 7 zu finden. Als nächstes wird die Simulationsgrundlage für alle wichtigen Komponenten des P2-Hybridantriebsstrangs bis auf dem Verbren-nungsmotor vorgestellt.

■ Batterie

Das Batteriemodell nimmt die positive oder negative Leistungsanforderung (entladen oder aufladen) auf und gibt Ausgangsignale wie z. B. der Batterie-ladezustand SOC ab. Der SOC beschreibt das Verhältnis von der verbleiben-den Batteriekapazität $Q(t)$ zu der normierten Batteriekapazität Q_0 (Gl. 3.1). Die negative zeitliche Ableitung der Batteriekapazität ist der Batteriestrom I_{Batt} (Gl. 3.2).

$$SOC(t) = \frac{Q(t)}{Q_0} \qquad\qquad \text{Gl. 3.1}$$

$$\dot{Q}(t) = -I_{Batt}(t) \qquad\qquad \text{Gl. 3.2}$$

Die Niedervoltbatterie wird mit dem quasi-stationären Ansatz abgebildet. Diese Methodik findet sowohl bei der Blei-Säure-Batterie als auch bei der

Nickelmetall-Hybridbatterie und der Lithium-Ionen-Batterie Anwendung [10]. Abbildung 3.2 zeigt das Ersatzschaltbild des stationären Ansatzes.

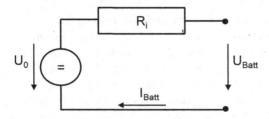

Abbildung 3.2: Ersatzschaltbild des stationären Niedervoltbatteriemodells

Der stationäre Ansatz beschreibt den verlustfreien Zusammenhang zwischen der Batteriespannung U_{Batt}, der Leerlaufspannung U_0, dem inneren Widerstand R_i und Batteriestrom I_{Batt} nach dem Kirchhoffsche Gesetz in der Gl. 3.3.

$$U_0 = R_i \cdot I_{Batt} + U_{Batt} \qquad\qquad \text{Gl. 3.3}$$

$$P_{Batt} = U_{Batt} \cdot I_{Batt} \qquad\qquad \text{Gl. 3.4}$$

Die U_0 ist von dem Ladezustand SOC abhängig. Gl. 3.4 wird in Gl. 3.3 eingesetzt und damit ergibt sich die U_{Batt} in Gl. 3.5. Daraus lässt sich auch SOC und I_{Batt} ermitteln.

$$U_{Batt} = R_i \cdot I_{Batt} = \frac{U_0 - \sqrt{U_0^2 - 4R_i \cdot P_{Batt}}}{2} \qquad\qquad \text{Gl. 3.5}$$

Die Hochvoltbatterie versorgt den Leistungsbedarf für die elektrischen Antriebselemente. Das Hochvoltbatteriemodell teilt sich in drei Submodelle: das Batterie-Management-System(BMS)-Modell, das Batteriezellmodell, und ein Kühlungsmodell. In dem Batteriezellmodell werden sowohl die elektrische wie auch die relevanten thermischen Vorgänge abgebildet.

Das Batteriezellmodell für die Hochvoltbatterie würde im Gegenteil zum Modell der Niedervoltbatterie das dynamische Verhalten des Kreislaufs während des Betriebs auch darstellen. Im Vergleich zu Abbildung 3.2 wird das Ersatzschaltbild für die Modellierung der Hochvoltbatterie um ein RC-Glied (siehe Abbildung 3.3) erweitert. Neben dem ohmschen Spannungsabfall am R_i-Glied, werden die nicht-ohmschen Spannungsabfälle (auch bekannt als Überspannung) durch die Einführung des Diffusionswiderstands R_{Diff} und des Durchtrittswiderstands R_{Dur} abgebildet. Die Durchtrittsüberspannung bietet die Aktivierungsenergie an, die von dem Ladungsträger benötigt wird, um die Elektrode/Elektrolyt-Grenzfläche durchzutreten. Die Diffusionsüberspannung folgt aus der Inhomogenität der Ionen im Elektrolyt, die gerade an der elektrochemischen Reaktion teilnehmen [41]. Die Spannungsabfälle an R_{Diff} und R_{Dur} bilden zusammen die Überspannung U_1. Die Kapazität des Kondensators C_1 entspricht dem kapazitiven Einfluss zwischen der Elektrode und dem Elektrolyten.

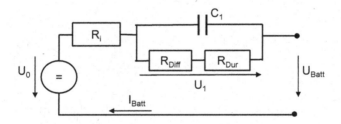

Abbildung 3.3: Ersatzschaltbild des dynamischen Hochvoltbatteriemodells

Für die Spannung ergibt sich daraus der in Gl. 3.6 festgehaltene Zusammenhang im Schaltkreis. Das dynamische Verhalten des Schaltkreises lässt sich vom Kirchhoffschen Gesetz zu Gl. 3.7 ableiten [10]. Die Widerstände R_{Diff} und R_{Dur} sind zeitlich von Ladestrom, Ladezustand, Temperatur und Alterung der Batterie abhängig. Der empirische Zusammenhang wird durch Impedanz-Messungen am Batterieprüfstand ermittelt.

$$U_0 = R_i \cdot I_{Batt} + U_{Batt} + U_1 \qquad\qquad Gl. 3.6$$

$$R_i \cdot C_1 \cdot \frac{d}{dt} U_1(t) = U_0 - U_{Batt}(t) - U_1(t) \cdot (1 + \frac{R_i}{R_{Diff} + R_{Dur}})$$ Gl. 3.7

Im thermischen Teilmodell ist die Wärmebilanz von der am Widerstand entstandene Abwärme (Wärmeleistung P_i am Innenwiderstand und Wärmeleistung P_1 aufgrund der Überspannung) und der Kühlleistung P_K des Batteriekühlungssystems abgebildet. Die Temperaturänderung $d\vartheta$ ist die Summe der eben genannten Leistungen geteilt durch die Wärmekapazität c_K.

$$d\vartheta = \frac{\int_0^t (P_i + P_1 + P_K)}{C_K}$$ Gl. 3.8

Im BMS-Modell werden die Informationen über Storm, Spannung, Temperatur und Alterungszustand der Batterie verarbeitet und daraus der Ladezustand SOC berechnet. Die Leistung, der Storm und die Spannung der Batterie werden in BMS kontrolliert und beschränkt.

■ Elektromotor

Der Elektromotor hat im Vergleich zum Verbrennungsmotor ein relativ schnelles Ansprechverhalten, daher hat der transiente Effekt des Elektromotors kaum Verbrauchseinfluss. Aus diesem Grund darf der Elektromotor zusammen mit der Leistungselektronik stationär modelliert werden. Die Wirkungsgrade des motorischen und generatorischen Betriebs sind in Form von Leistungskennfeldern P_{EM} abhängig von Drehmoment T_{EM} und Drehzahl n_{EM} abgebildet. Die Daten für die Kennfelder sind auf dem Prüfstand ermittelt.

$$P_{EM}(t) = f(n_{EM}, T_{EM})$$ Gl. 3.9

■ Getriebe und Kupplung

Der tribologische Verlust des Getriebes $T_{Gb\_Verlust}$ setzt sich aus der Reibleistung der mechanischen Komponenten und der Verluste durch die Viskosität des Getriebeöls zusammen. Das Reibverlustmoment $T_{Gb_{Reib}}$ des jeweiligen

Gangs N_{Gang} wird als stationäres Kennfeld abhängig von Öltemperatur $\vartheta_{Öl}$, Getriebeeingangsdrehzahl n_{Gb} und Eingangsmoment T_{Gb} hinterlegt.

$$T_{Gb\_Verlust} = T_{Gb_{Reib}} + T_{Ölpumpe} \qquad\qquad \text{Gl. 3.10}$$

$$T_{Gb\_Reib} = f(N_{Gang}, \vartheta_{Öl}, n_{Gb}, T_{Gb}) \qquad\qquad \text{Gl. 3.11}$$

Das Getriebe ist mit zwei Ölpumpen bestückt. Die Primärölpumpe läuft wenn der Verbrennungsmotor angekuppelt ist. Die elektrische Zusatzölpumpe ist zuständig für die Druckversorgung während der elektrischen Fahrt. Der Lastbedarf der Primärölpumpe $T_{Ölpumpe}$ wird abhängig von Öldruck $p_{Öl}$, Drehzahl n_{Gb} und Drehmoment T_{Gb} am Getriebeeingang gebildet.

$$T_{Ölpumpe} = f(p_{Öl}, n_{Gb}, T_{Gb}) \qquad\qquad \text{Gl. 3.12}$$

Die Logik der Gangschaltung erfolgt nach hinterlegten Schaltlinien als Funktion der Fahrpedalposition und der Getriebeausgangsdrehzahl, ähnlich wie Getriebesteuergerät im Fahrzeug. Das Simulationsmodell lässt sich auch so erweitern, dass eine verbrauchsoptimierte Gangschaltung berechnet werden kann [42]. Da in Praxis neben dem Verbrauch noch anderen Faktoren wie z. B. Fahrbarkeit und Komfort bei der Auslegung der Schaltlinie berücksichtigt werden müssen, ist in der Simulation im Umfang dieser Arbeit eine gegebene Schaltlinie für das Hybridfahrzeug übernommen.

Eine Nassanfahrkupplung (NAK) kann den Verbrennungsmotor für rein elektrische Fahrt von der Abtriebsseite abtrennen. Wenn die Kupplung geschlossen ist, ist der entstehende Schleppverlust in der Simulation vernachlässigbar gering. Im geöffneten Betrieb in elektrischer Fahrt oder im Anfahrvorgang liegt eine Drehzahlabweichung zwischen dem Verbrennungsmotor und dem Getriebeeingang vor. Das Schleppverlustmoment wird abhängig von Drehzahldifferenz n_{Diff}, Öltemperatur $\vartheta_{Öl}$ und Kühlmitteldurchfluss $\dot{q}_{KM}$ mittels eines gemessenen stationären Kennfelds berechnet.

4 Datenbasis für Kalibrierung und Validierung

Der untersuchte Parallelhybridantriebsstrang verfügt über die Konfiguration in Abbildung 4.1, die auch als P2-Hybridanstriebstrang bezeichnet wird. Der Stand stammt ursprünglich aus dem in [43] vorgestellten Mercedes C350e Plug-In-Hybridfahrzeug. Wie in Kapitel 2 schon beschrieben wird, befindet sich der Elektromotor in dieser Anordnung zwischen dem Verbrennungsmotor und dem Getriebe. Aufgrund der angespannten Bauraumsituation ist in dem untersuchten Antriebsstrang eine Nassanfahrkupplung statt des für Automatikgetriebe üblichen hydraulischen Drehmomentwandlers verbaut. Diese Struktur ermöglicht einen rein elektrischen Antrieb ohne den Verbrennungsmotor mitschleppen zu müssen. Der untersuchte Hybridantriebsstrang hat eine Niedervolt- und eine Hochvoltbatterie mit einer Kapazität von 6,4 kWh. Die Hochvoltbatterie ist eine Lithium-Ionen-Batterie (Lithium-Eisenphosphat-Akkumulator) mit 88 seriell geschalteten VDA-Standardzellen und wiegt ca. 100 kg. Der Antriebsstrang ist mit einem 7-Gang-Automatik-Getriebe (7G-TRONIC PLUS) ausgestattet und der im Getriebe integrierte Elektromotor kann ein Drehmoment von 340 Nm und eine Leistung vom 60 kW liefern. Auf Basis dieser Konfiguration wird der Verbrennungsmotor in der Simulation zusätzlich mit Magerbrennverfahren implementiert und die Modellierung des Abgasnachbehandlungssystems entsprechend an das Magerbrennverfahren angepasst.

Ein präzis prognostizierendes Simulationsmodell setzt eine umfangreiche und gut strukturierte Datenbasis voraus und dient sowohl zur Bedatung des Simulationsmodells als auch für Kalibrierung der Motorstreckenmodelle, die im nächsten Kapitel vorgestellt werden. Zum Zwecken der Validierung der Simulation werden auch Messungen benötigt. Ein großer Teil der Messungen wurde an einem stationären Motorprüfstand ausgeführt. Die typische Anwendung einer stationären Messung ist die Aufnahme des Verbrauchskennfeldes eines Verbrennungsmotors oder der Einsatz in der Kalibrierung der Motorfunktionen [44]. Die Messungen und die Datenerfassung erfolgen nach einer Stabilisierungsphase. Die Auswertung wird über bestimmte Zeitintervalle ermittelt. Der verwendete stationäre Prüfstand verfügt über eine Zeitschrittauflösung

© Springer Fachmedien Wiesbaden GmbH, ein Teil von Springer Nature 2019
J. Cheng, *Wirkungsgradoptimales ottomotorisches Konzept für einen Hybridantriebsstrang*, Wissenschaftliche Reihe Fahrzeugtechnik Universität Stuttgart, https://doi.org/10.1007/978-3-658-28144-1_4

von 5 Hz. Das benötigte Motordrehmoment wird durch die Prüfstands E-maschine direkt am Verbrennungsmotor eingestellt. Der Regelungskreis erfolgt über die Moment/Drehzahl-Paarung oder die Fahrpedal/Drehzahl-Paarung. Die meisten stationären Kennfeld-Messungen werden durch das Automatisierungssystem CAMEO ausgeführt. Für die Fahrzyklusmessung wird die Fahrgeschwindigkeit des Zielfahrzeugs ins Drehzahl/Drehmoment-Profil umgerechnet und die Messung dann direkt durch das Prüfstandsystem PUMA-Open ausgeführt. PUMA-OPEN von der Firma AVL ist ein gängiges System für die Regelung des Betriebspunktes, die Kommunikation zum Motorsteuergerät sowie die Datenerfassung am Prüfstand. Als Ergänzung werden in der Validierungsphase für die Simulation auch einige Zyklen-Messungen auf einem dynamischen Motorprüfstand aufgenommen, wobei das dynamische Verhalten des Verbrennungsmotors zeitlich besser aufgelöst und erfasst wird. Der Versuchsträger ist ein Ottomotor mit strahlgeführtem Brennverfahren. Die technischen Details sind in Tabelle 4.1 zusammengefasst.

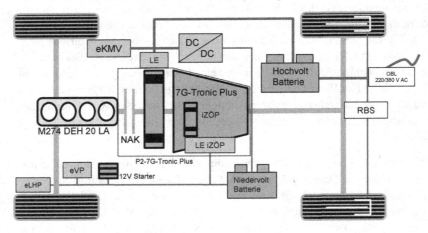

Abbildung 4.1: Konfiguration des Hybrid-Antriebsstrangs [7]

Die relevanten Rohemissionen werden durch das Abgasmessgerät MEXA (7000 Series) von der Firma Horiba gemessen. Die Sensoren des Analysators für unterschiedliche Rohemissionen haben eine Reaktionszeit ($T_{10\text{-}90}$) von ca. 1s. Diese Trägheit wird später in Rohemissionsmodell in der Form eines PT1-Glieds nachgebildet. Die Anzahl der Rußpartikel (Schwärzung) und deren

Masse werden vom Partikelzähler (APC 489, AVL Particle Counter) und vom Partikelsammler (AVL PSS i60, Partikel Sampling System) gespeichert.

Tabelle 4.1:   Technische Daten des Versuchsträgers

Motorbezeichnung	M270DESLA20
Zylinder Anzahl	4 in Reihe
Max. Leistung	155 kW
Max. Drehmoment	350 Nm
Hubvolumen	1991 cm^3
Hub	92 mm
Bohrung	83 mm
Verdichtungsverhältnis	9,8
Kraftstoff	ROZ95 (Super E10)
Einspritzsystem	Piezo-Injektor mit Einspritzdruck 200 bar
Aufladung	Monoscroll-Abgasturbolader mit Wastegate Steuerung

Die Messstellen für Druck und Temperatur werden in Abbildung 4.2 dargestellt. Neben den aufgezeichneten Messstellen für das Gas werden auch die Temperatur des Kühlwassers und Motoröls gemessen. Die Entnahmestelle der Rohemissionen CO, CO_2, HC, NO_x und O_2 ist motornah nach der Abgasturbine und vor dem Stirnwandkatalysator. Der Partikelzähler und der Partikelsammler sind hinter dem Schalldämpfer angeschlossen.

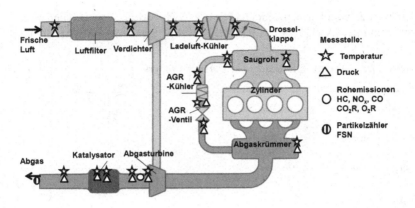

Abbildung 4.2: Messstellenplan des Versuchsträgers

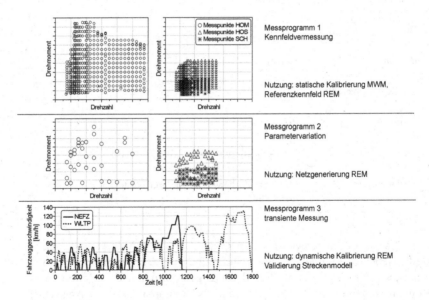

Abbildung 4.3: Messprogramme und deren Nutzung

Insgesamt finden drei Messprogramme mit unterschiedlichen Zielsetzungen statt.

■ Messprogramm 1:

Die in einem relativen engen Raster vermessenen stationären Motorkennfelder für die drei Hauptbetriebsarten (HOM, HOS, SCH) decken den gesamten Betriebsbereich ab, dessen Verteilung der Messpunkte ist wie in Abbildung 4.3 abgebildet ist. Für jeden Betriebspunkt werden die Steuergrößen aus dem Motorsteuergerät, die Sensorsignale, die thermodynamischen Randbedingungen im Luftpfad, der Verbrauch, die Rohemissionen und diverse Messwerte des Abgasnachbehandlungssystems in stationären Bedingungen erfasst, d. h. nach Einregelung des zu vermessenden Betriebspunkts wird ein Zeitintervall abgewartet bevor die Messung erfolgt. Um hohe Rohemissionsgradienten über kleine Last und Drehzahlbereiche zu erfassen, werden die Betriebspunkte im relevanten Bereich in einem engeren Raster vermessen (siehe Verteilung der Messpunkte in Abbildung 4.3 Messprogramm 1). Die Messungsabläufe sind in CAMEO automatisiert. Die gesammelten Daten in erstem Messprogramm dienen dem Mittelwertmotormodell (MWM) als Basis für die Kalibrierung. Das Rohemissionsmodell (REM) benutzte die Daten hier für die Erzeugung der Referenzkennfelder der Rohemissionen.

■ Messgramm 2:

Die zu untersuchenden Lastkollektive in der zweiten Messphase setzen sich aus den in Zertifizierungszyklen und Kundenfahrt häufig vorkommenden Betriebspunkten sowie den in der Kennfeldrasterung identifizierten Bereiche mit besonders großen Gradienten der Rohemissionen zusammen (siehe Abbildung 4.3 Phase 2). Die Untersuchung in Bezug auf transientes Verhalten erfolgt wie in Kapitel 5.4 beschrieben, durch Variation der Stellgrößen wie z. B. des Zündwinkels (ZW). Der Einfluss der geänderten Stellgröße durch die entsprechenden geänderten Betriebsrandbedingungen auf die Rohemissionen ist das Untersuchungsobjekt in dieser Phase. Ein pauschaler Variationsbereich und fester Variationsschritt ist für jede Stellgröße im ganzen Kennfeld vorzunehmen. Wenn es zur Verletzung der Betriebsgrenze oder Emissionsgrenze kommt, wird die Messung in der Variationsrichtung angehalten und nach einem weiteren gescheiterten Versuch in andere Variationsrichtung oder im nächsten Betriebspunkt erneut gestartet. Um den gekoppelten Effekt zwischen zwei Stellgrößen zu untersuchen, werden zusätzlich zwei Stellgrößen gleichzeitig geändert. In diesem Schritt muss ein DoE-Algorithmus (Design Of Experiments, Versuchsplanung) verwendet werden, um den Versuchsumfang zu reduzieren. Darüber hinaus kommt ein Space-Filling-Versuchsplan zum Einsatz, weil dieser Versuchsplantyp asymmetrische Versuchsräume umgehen kann [44]. Alle ausgeführten Variationen der Stellgrößen sind in Tabelle 4.2 zu entnehmen und die dabei erworbene Messung ist die Datenbasis für das Training des künstlichen neuronalen Netzes (KNN) im nächsten Kapitel.

Tabelle 4.2:   Übersicht aller ausgeführten Variationen

Einfache Variation	Zweifache Variation
AGR	AGR, ZW
Ladedruck	Ladedruck, Kühlwasser Temperatur
Kühlwasser Temperatur	Zeitpunkt erster Einspritzung, Ladedruck
Kurbelwinkel Auslassventil schließt	ZW, Ladedruck
Kurbelwinkel Einlassventil öffnet	ZW, Kühlwasser Temperatur
Zeitpunkt erster Einspritzung	
ZW	

■ Messprogramm 3:

Mittels desselben stationären Motorprüfstands werden diverse Fahrzyklen mit 5 Hz Aufzeichnungsfrequenz warm und kalt gemessen, um die Streckenmodelle des Verbrennungsmotors zu validieren. Anhand der Fahrzeugdaten wird die Fahrzeuggeschwindigkeitsverläufe in die Drehmoment- und Drehzahlverläufe des Verbrennungsmotors umgerechnet und in Prüfstandüberwachungssystem PUMA eingegeben. Die Fahrzeugdaten stammen aus einem konventionellen Fahrzeug da die Validierung nur für die Schnittstelle des Verbrennungsmotors durchgeführt wird. Unter den vermessenen Zyklen sind der NEFZ (Neue Europäische Fahrzyklus), der WLTP (*Worldwide Harmonized Light-Duty Vehicles Test Procedure,* siehe [45]), der ARTEMIS aus einem gleichnamigen EU-Projekt und der US-Stadtzyklus FTP (*Federal Test Procedure*). Zusätzlich werden Momenten- und Drehzahlsprünge vermessen.

5 Streckenmodell für Verbrennungsmotoren

5.1 Varianten der Streckenmodelle

Je nach Simulationsanforderung und Zweck findet das Gesamtsystemmodell mit unterschiedlichen Komplexitätsstufen in Bezug auf Modellierung des Verbrennungsmotors Einsatz (siehe Kapitel 6 und 7).

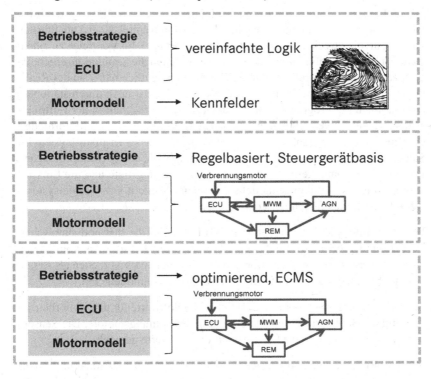

Abbildung 5.1: Struktur des Motorstreckenmodells im Gesamtsystem

© Springer Fachmedien Wiesbaden GmbH, ein Teil von Springer Nature 2019
J. Cheng, *Wirkungsgradoptimales ottomotorisches Konzept für einen Hybridantriebsstrang*, Wissenschaftliche Reihe Fahrzeugtechnik Universität Stuttgart, https://doi.org/10.1007/978-3-658-28144-1_5

Abbildung 5.1 stellt alle drei Aufbaumöglichkeiten dieser Arbeit dar. Wenn die Struktur eine vereinfachte Logik als Ersatz für Hybridbetriebsstrategie und ECU benutzt und die verbrennungsmotorische Information Betriebspunktabhängig aus Kennfelder abliest, liegt der Echtzeitfaktor des Gesamtsystemmodells bei ca. 100. Wenn für das ECU und Motormodell komplexeren Streckenmodellen verwendet werden und die Hybridbetriebsstrategie mit regelbasierten Steuergerätefunktionen oder optimierendem Algorithmus berechnet wird, liegt der Echtzeitfaktor bei ca. 1.

Das detaillierte Motormodell samt Motorsteuergerätemodel, Rohemissionsmodell und Abgasnachbehandlungsmodell wird in Kapitel 5.2-5.5 ausführlich vorgestellt: die Streckenmodellstruktur in Abbildung 5. Im Vergleich zu einem stationären kennfeldbasierenden Motormodell liegen die Simulationsergebnisse bezüglich des Verbrauchs und der Emissionen deutlich näher an der Realität. Gegenüber den Emissionen ist der Verbrauch zwar auch durch stationäre Simulationen gut prognostizierbar, jedoch führt die Trägheit in der Luftpfadsteuerung zu Abweichungen im transienten Verbrauch. Das Motormodell kann die zeitliche Dynamik im Luftpfad abbilden und das Kraftstoffsystem im Steuergerätemodell reagiert auf die Zustandsgrößen des Motors. Neben verbesserter Genauigkeit haben sich die Untersuchungstiefe und die Einsatzmöglichkeit des Simulationsmodells erheblich erweitert. Das Gesamtsystemmodell besteht aus folgenden Teilmodellen:

- Ein Mittelwertmotormodell (MWM) berechnet die thermodynamischen Zustandsgrößen sowie Massenströme im Luftpfad und das vom Motor generierte Moment. Die Informationen aus dem MWM dienen als Ersatz der Sensorsignale und fließen in die anderen Teilmodelle ein.

- Das Steuergerätemodell (ECU) liefert die Sollwerte für den Motorbetrieb und die Stellwerte der Aktuatoren des Verbrennungsmotors. Die Sensorersatzwerte vom MWM werden auf die Sollwerte geregelt.

- Das Rohemissionsmodell (REM) arbeitet nach quasi-stationärem Prinzip mittels einem kalibrierten künstlichen neuronalen Netz (KNN). Die Rohemissionen aus dem stationären Emissionskennfeld werden anhand der Steuer- und Regelgrößen der ECU sowie der Luftpfadinformationen korrigiert.

■ Das Modell des Abgasnachbehandlungssystems (AGN) errechnet mithilfe der Luftpfadinformationen und der Emissionskonzentration des REM den Füllzustand des NO_x-Speicherkatalysators für Ottomotor mit Mager-Betriebsarten. Die ECU bekommt vom AGN das Trigger-Signal für die Regeneration und führt die Regeneration wenn möglich durch.

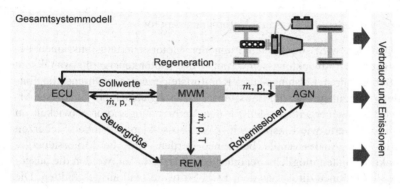

Abbildung 5.2: Struktur des Motorstreckenmodells im Gesamtsystem

5.2 Motorsteuergerätemodell

Als der Sollwertgeber spielt das Motorsteuerungssystem im Hybridantriebsstrang eine essentiale Rolle. Anders als bei einem konventionellen Antriebsstrang, der seine Momentanforderung direkt umgerechnet vom Fahrpedal bekommt, erhält der Hybridantriebsstrang die Momentanforderung aus einem Hybrid-Momentkoordinationssystem. Im Hybrid-Momentkoordinationssystem wird je nach Auslegung der Betriebsstrategie anhand relevanter Faktoren die Leistungsverteilung zwischen verbrennungsmotorischem und elektrischem System bestimmt. Die wichtigsten Faktoren dabei sind Fahrsituation, Ladezustand der Hochvoltbatterie, Temperatur der Hybridkomponenten bzw. des Abgasnachbehandlungssystems und Betriebsmodi. Um den optimalen Verbrauch eines Ottomotors mit Direkteinspritzung im Hybridantriebsstrang zu untersuchen, werden in dieser Stelle zwei Varianten des Simulationsmodells erstellt.

In der ersten Variante (siehe Kapitel 6) lassen sich die Hybridfunktionen eines vorhandenen Serienfahrzeugs direkt übernehmen. Dabei wird die Leistungsverteilung regelbasiert entschieden. In der zweiten Variante (siehe Kapitel 7) wird statt der direkt aus der ECU-Software übernommenen Funktionen ein Momentverteilungsoptimierer nach dem ECMS-Algorithmus implementiert. Der ECMS-Algorithmus sorgt für eine verbrauchsoptimale Momentenverteilung zwischen dem Elektro- und Verbrennungsmotor.

Im Folgenden wird die Modellierung der Motorsteuerungsfunktionen beschrieben. Der Entwicklungsschwerpunkt des Motorsteuergeräts war bis zu den 1980er-Jahren Leistungs- und Komfortsteigerungen, während die Entwicklung heutzutage eher auf Emissionsreduzierung abzielt [19]. In dieser Arbeit wird ein Steuergerätemodell für den Verbrennungsmotor entwickelt, in dem die Sollwerte wie Einspritzzeit, ZW, Drosselklappe-Winkel, Steuerzeit der Ein- und Auslassventile berechnet werden. Um die Motorsteuergerätefunktionalitäten möglichst realitätsgetreu darzustellen, werden die ausgewählten Funktionen direkt aus dem ECU-Softwarestand ausgeschnitten. Die Funktionen lassen sich als Systemfunktion (S-Funktion), die eine Art Beschreibung des Simulinkblocks in der Computersprache ist, in das Simulink-Modell einbinden. Die Struktur und die Berechnungslogik innerhalb der Funktion sind für den Nutzer wie eine Blackbox nicht zugänglich. Jedoch lassen sich die Parameter, Kennlinien und Kennfelder per Bedatung anpassen, darüber hinaus lassen sich Eingang- und Ausgangsignale modifizieren. Eine automatisierte Arbeitsroutine in Matlab kann beim Importieren der Funktionen die zugehörigen Parameter und Kennfelder einlesen und die Schnittstellen zum Gesamtsystemmodell aufbereiten. Um eine Verdoppelung der Signale zu vermeiden, werden bei jeder neu eingefügten Funktion werden die Ein- und Ausgänge mit vorhandenen Signalen anderer Funktionen verglichen.

Eine der größten Herausforderungen bei der Erstellung des Motorsteuergerätemodells, stellt die Bedatung der offenen Restbus-Signale für die freigeschnittenen Funktionen dar. Die benötigten Signale werden, falls sie nicht von anderen Streckenmodellen ableitbar sind, entweder mit konstanten Werten parametrisiert oder mit vereinfachter Steuergerätelogik versorgt. Es bestünde auch die Möglichkeit, das gesamte Motorsteuergerätesystem für die Simulation zu übernehmen. Diese Vorgehensweise ist zwar für den Arbeitsaufwand in Bezug auf Restbusbedatung vorteilhaft, jedoch wird die Simulationszeit dadurch sehr stark beeinträchtigt. In dieser Arbeit wird nur eine Gruppe aus-gewählter Kernfunktionen in das Steuergerätemodell implementiert.

Da die meisten Stellwerte in der ECU die Bestandteile der verbrennungsmoto-rischen Regelkreise sind, ist die Arbeit bei der Restbus-Bedatung zum Teil den Regelkreis durch simulative Komponenten zu ergänzen. Abbildung 5.3 oben zeigt als Beispiel die Ladedruckregelung in der ECU eines Verbrennungsmo-tors. Der Regelkreis setzt sich aus dem Regler, der Regelstrecke und dem Sensor zusammen. Anhand des Soll-Ladedrucks wird die Stellgröße, in die-sem Fall das Tastverhältnis aus einem Kennfeld, abgelesen und an den Aktua-tor (das Wastegate) weitergegeben. Das Wastegate stellt sein Bypass-Ventil in entsprechendem Öffnungswinkel ein und die Laderdrehzahl ändert sich. Da-durch entsteht ein bestimmter Ladedruck im Saugrohr. Der Ist-Ladedruck wird von Ladedrucksensor erfasst und mit dem Sollwert verglichen. Wenn Ab-weichung auftritt, wird die Stellgröße angepasst. In einer ausführlichen simu-lativen Lösung (Ausführung 1) bleiben die ECU-Funktionen als Regler unverändert. Das MWM in Kapitel 5.3 dient als Regelstrecke und Sensor. Wenn es weiter vereinfacht werden soll, ersetzt ein PID-Regler den gesamten Regelkreis (Ausführung 2).

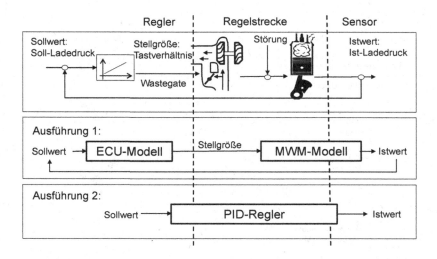

Abbildung 5.3: Beispiel der Ladedruckreglung und simulative Ausführungen

Abbildung 5.4 stellt den Steuerungssignalfluss eines modernen Ottomotors dar. Die Motorsteuerung muss ein niedriges Verbrauchs- bzw. Emissionsniveau gewährleisten und gleichzeitig ein komfortables, sicheres und dynamisches Fahren sicherstellen. Die Momentreglung ist die Kernaufgabe des ECU-Systems. Die aus dem Fahrpedal oder aus der Hybridbetriebsstrategie abgeleitete Momentanforderung wird während der Umsetzung in verschiedene Stellgröße der Aktuatoren umgerechnet und weiter an die Aktuatoren gegeben. Die durch die Aktuatoren gestellten Betriebsrandbedingungen wie z. B. der Luftmassenstrom, die eingespritzten Kraftstoffmenge und der ZW fließen zurück in das Momentenmodell. Das Momentenmodell in der ECU ist ein semiempirisches Modell und leitet aus den Betriebsrandbedingungen das generierte Drehmoment des Verbrennungsmotors ab. Das abgebildete „Ist-Drehmoment" aus dem Momentenmodell wird in die Momentenkoordination zurückgeführt und schießt den Regelkreis der Momentenstruktur ab. In der Simulation ersetzt das MWM die Ist-Drehmoment-Generierung im Momentenmodell des Steuergeräts. Die Funktionen des Momentenmodells aus dem ECU werden teilweise beibehalten, um die Zwischengrößen für die anderen Funktionen zu berechnen.

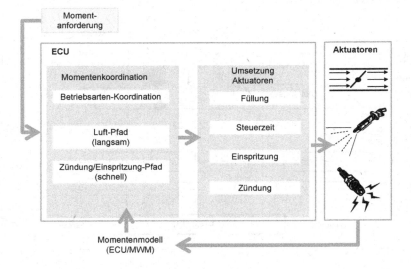

Abbildung 5.4: Darstellung der motornahen ECU-Funktionen

Bei der Momentenkoordination und Umsetzung sind viele Untersysteme des Verbrennungsmotors betroffen, z. B. das Füllungssystem oder das Kraftstoffsystem. Sie besitzen jeweils einen eigenen Regelkreis und haben wesentlichen Einfluss auf den Verbrauch und die Emissionen. Wie schon erwähnt, ist der Umfang der einzubindenden ECU-Funktionen stark durch Simulationskapazität beschränkt. Daher ist eine strenge Selektion dabei sehr wichtig. Anhand der folgenden vier Selektionskriterien ist es gelungen, die ca. 1300 umfangreichen ECU-Funktionen auf 22 einzubindenden Funktionen zu reduzieren.

a) Einfluss auf den Verbrauch und die Emissionen

b) Notwendigkeit für die Steuerungskette

c) Umsetzbarkeit im vorhandenen Simulationsmodell (z. B. die Klopfregelung muss entfallen aufgrund fehlendes Klopfmodells)

d) Aufwand der Restbus-Bedatung gegenüber dem von der Erstellung einer Ersatzfunktion

Die nicht berücksichtigten Funktionen sind meistens On-Board-Diagnose-Funktionen oder Funktionen, die die Schnittstelle zur Hardware bilden.

Die gesamte Selektion der in dem Motorsteuergerätemodell eingebauten Funktionen sowie deren Signalflüsse lassen sich in Abbildung 5.5 ablesen. Die importierten Funktionen für einen Ottomotor mit Magerbetrieb lassen sich nach Funktionalität in folgenden Funktionsgruppen einteilen:

▨ Momentensturktur

▨ Betriebsartenkoordination

▨ Füllungssteuerung (einschl. Aufladung und Nockenwellensteuerung)

▨ Kraftstoffsystem

▨ Zündsystem

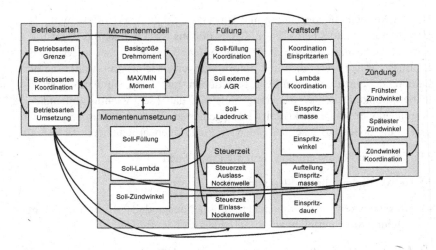

Abbildung 5.5: Struktur der importierten ECU-Funktionen

■ Momentstruktur

Die Momentsteuerung wird durch die Parametrisierung von Stellgrößen er-möglicht. Bei der Lasteinstellung lässt sich grob zwischen der Quantitätsrege-lung im Homogenbetrieb und der Qualitätsregelung im Magerbetrieb, ähnlich wie bei einem Dieselmotor, unterscheiden. In der Quantitätsregelung wird das Sollmoment des Verbrennungsmotors durch die Regelung der Gemischmenge eingestellt. Bei der meistens entdrosselten Qualitätsregelung bleibt die Luft-menge bei gleicher Drehzahl nahezu unverändert und das Moment wird durch den eingespritzten Kraftstoff geregelt. D. h. die Regelgrößen sind für Momen-teneinstellung im Homogenbetrieb und im Schichtbetrieb die Zylinderfüllung und die eingespritzte Kraftstoffmenge pro Arbeitstakt.

Für die Modellierung des generierten Ist-Moments im Momentenmodell ist die Rechengeschwindigkeit wichtig, da die Motorsteuerung von einer Zündung zur Nächsten reagieren muss. Deswegen basiert die Berechnung des Ist-Mo-ments auf einigen fiktiven Wirkungsgraden, die von relevanten Betriebspara-metern abhängig sind. Für jeden Betriebspunkt mit Drehzahl n und Füllung m_F gibt es ein verbrauchsoptimales Drehmoment T_{opt}, das mit entsprechenden vorgesteuerten Stellgrößen theoretisch erreicht werden kann. Das optimale

Drehmoment kann in realem Motorbetrieb jedoch aufgrund Bauteilschutz, Klopfen oder Komfort oft nicht eingestellt werden. Das tatsächliche Ausgabemoment lässt sich durch die unten aufgeführte Gl. 5.1 berechnen. Die Wirkungsgradkennlinien jedes Betriebsparameters sind dabei unabhängig voneinander und lassen sich miteinander multiplizieren. Das Ist-Drehmoment ist das Produkt von optimalem Drehmoment, Lambda-Wirkungsgrad η_λ, Zündwinkel-Wirkungsgrad η_{ZW}, AGR-Wirkungsgrad η_{AGR}, Steuerzeit-Wirkungsgrad η_{NW} und Einspritzteilung-Wirkungsgrad η_{ET}.

$$T_{ist} = T_{opt}(n, m_F) \cdot \eta_\lambda \cdot \eta_{ZW} \cdot \eta_{AGR} \cdot \eta_{NW} \cdot \eta_{ET} \qquad \text{Gl. 5.1}$$

Gl. 5.1 kann bei bekanntem T_{ist} und n nach m_F gelöst werden. Die Momentenumsetzung ist quasi die Invertierung der Gleichung für das Momentenmodell. Die Momentumsetzung lässt sich durch drei verschiedene Arten mit unterschiedlicher Reaktionszeit realisieren:

a) Luftpfad: Dies ist der langsamste Weg. Eine Änderung wird durch Drosselklappenstellung oder Wastegate eingeleitet, wodurch sich der Luftmassenstrom durch den Ansaugkrümmer, den Einlasskanal ändert, und somit die gewünschte Füllung in den Zylinder gelangt.

b) Kraftstoffpfad: Die Steuerung durch die eingespritzte Kraftstoffmenge hat eine mittlere Reaktionsgeschwindigkeit und ist zum jeweils nächsten Einspritztakt ausführbar. Ein derartiger Momenteneingriff ist nur im Magerbetrieb einsetzbar. Da es sich hierbei um eine Qualitätsregelung handelt, ist diese Möglichkeit im Homogenbetrieb mit konstantem Lambda nicht möglich.

c) Zündungspfad: Dies ist die am schnellsten reagierende Steuerungsmöglichkeit. Das elektronische Zündsystem kann zu jeder Zeit den Funken auslösen, so lang die Zündspule geladen ist.

Je nach Bedarf und Betriebsarten wird die Momentenumsetzung durch unterschiedliche Pfade ausgeführt. Wenn eine relativ langsame Momentenänderung erlaubt ist, wird das Drehmoment durch den Luftpfad umgesetzt. Wenn eine schnelle Momentenänderung benötigt wird, lässt sich das Drehmoment im entdrosselten Magerbetrieb durch die Kraftstoffsteuerung sofort einstellen. Dies kann z. B. bei einem Eingriff der Antriebsschlupfregelung (ASR), aktiver Leerlaufregelung oder bei Zuschalten eines Nebenverbrauchers am Motorriemen Verwendung finden. Im Homogenbetrieb ist der Vorgang etwas komplizierter. Da ein stöchiometrisches Kraft-Luft-Gemisch-Verhältnis beibehalten werden muss, wird ein schneller Momentaufbau oder Abbau durch den Zündwinkel gesteuert. Ein Momentenabbau lässt sich durch eine Verstellung des Zündwinkels nach spät umsetzen. Beim Momentenaufbau, wenn die Zündwinkeleinstellung schon bei der wirkungsgradoptimalen Einstellung oder Klopfgrenze ist, muss die Anforderung durch die sogenannte Momentenreserve auf Kosten des Verbrauchs umgesetzt werden. Abbildung 5.6 zeigt auf, wie die Momentreserve funktioniert. Im Grundprinzip wird durch die Steuerung der Füllung eine Reserve geschaffen, mit der die Erhöhung des Ausgabemoments durch eine Zündwinkelverstellung ermöglicht wird. Vor der Momentenerhöhung, wird die Füllung im Brennraum langsam erhöht. Wenn die anderen Einstellungen in diesem Fall gleichbleiben, stiege das Drehmoment entsprechend an (siehe Strichspur des wirkungsgradoptimalen Drehmoments T_{opt}). Deshalb ist der Zündwinkel an dem Füllungsgerad so anzupassen, dass durch Verschlechterung des Zündwinkelwirkungsgrades η_{ZW} das Ist-Drehmoment während der Füllungssteigerung konstant bleibt, bis das T_{opt} mit 100 % Zündwinkelwirkungsgrad die Anforderung der Momenterhöhung erreicht hat. Anschließend wird der Zündwinkel in der nächsten Zündung sofort nach früh gezogen. In diesem Schritt kommt die aufgebaute Momentreserve zur Nutzung.

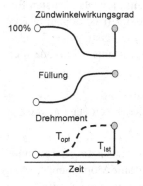

Abbildung 5.6: Steuerungsablauf einer Momentenerhöhung

■ Füllung:

Die Gaszusammensetzung im Motorbrennraum ist schematisch in Abbildung 5.7 dargestellt. Die Gase lassen sich in Luft und Inertgas unterteilen. Die Luft (weiße Blöcke) kann im Gegensatz zum Inertgas (graue Blöcke), an der chemischen Reaktion der Verbrennung teilnehmen. Das Inertgas kommt von externer und interner AGR, die jeweils durch das AGR-Ventil oder die Nockenwellenposition steuerbar ist. Die Steuerung der angesaugten Frischgasmenge erfolgt über die Drosselklappenstellung, wobei ein sehr kleiner Teil auch aus unverbrannter Luft im Abgas stammt, das durch die interne oder externe AGR wieder in den Brennraum gelangt.

Zu dem Luftsystem gehören Drosselklappenregelung, Ladedruckregelung, Füllungserfassungen, Abgasrückführung und Nockenwellensteuerung. Für ein konventionelles Fahrzeug muss die Unterdruckpumpe des Bremskraftverstärkers im Luftsystem mitberücksichtigt werden, weil dafür ein Unterdruck durch die Drosselung im Saugrohr benötigt wird. In einem hybridisierten Fahrzeug ist die Unterdruckpumpe meistens elektrisch angetrieben und von verbrennungsmotorischem Betrieb entkoppelt, damit sie in elektrischer Fahrt Bremsfunktionalität sicherstellen kann. Deswegen entfällt die ECU-Funktion für den Bremskraftverstärker in der Simulation. Die Leistungsaufnahme wird als Nebenverbraucher im Bordnetz modelliert.

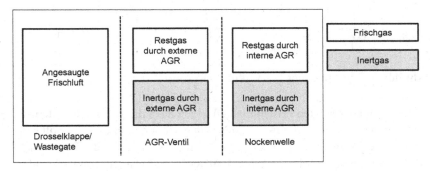

Abbildung 5.7: Zusammensetzung der Zylinderfüllung:

Der vorgesteuerte Füllungswert stammt betriebsartenabhängig aus der Momentenstruktur. Die Steuerung der Luft/Kraftstoffverhältnisse der Füllung ist durch die Aktuatoren an Drosselklappe, Wastegate, Nockenwellen und AGR-Ventil möglich. Die Ansteuerung der Drosselklappe und des Wastegates lässt sich nach Lastbereichen unterteilen (siehe Abbildung 5.8). Im unteren Lastbereich wird die Füllung durch den Öffnungswinkel der Drosselklappe geregelt, während das Wastegate komplett geöffnet ist. Im oberen Lastbereich ist es umgekehrt: die Drosselklappe ist komplett geöfnnet und die Füllungssteuerung erfolgt durch das Wastegate. Die vorgesteuerte Sollfüllung ist in die Füllungskoordination zu übergeben und die entsprechenden Grenzwerte werden überprüft. Schließlich berechnet die Steuerfunktion den Stellwinkel der Drosselklappe und den Sollöffnungswinkel des Wastegates.

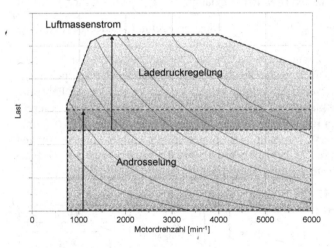

Abbildung 5.8: Steuerung des Luftmassenstroms

Neben dem angesaugten Frischluftanteil gehen auch die Anteile der internen und externen Abgasrückführung in die Zylinderfüllung mit ein. Der Sollwert der externen AGR AGR_{ext_soll} ist in erster Linie abhängig von der Betriebsart. In jeder Betriebsart wird die externe Soll-AGR Rate abhängig von Drehzahl n und Drehmoment T ermittelt.

$$AGR_{ext\_soll} = f(Betriebsart, n, T) \qquad Gl. 5.2$$

Die Nockenwelle am untersuchten Motor hat einen festen Ventilhub und je-doch variable Steuerzeiten. In der Funktion für die Steuerzeit wird der Kurbel-winkel für das Auslassventil-Schließen (AS_{Soll}) und das Einlassventil-Öffnen ($EÖ_{Soll}$) festgelegt. Mit festen Ventilhubprofilen sind die Kurbelwinkel für das Auslassventil-Öffnen und das Einlassventil-Schließen sowie die Überschnei-dung der Öffnungszeit beider Ventile mitbestimmt. Wenn das Einlassventil genüg früh öffnet und der wirksame Abgasdruck zu diesem Zeitpunkt um eine Druckdifferenz zu erzeugen reicht, womit das Abgas in das Saugrohr ein-strömt, wird dieser Anteil des Abgases während des Ansaugtakts vor der Frischluft wieder zurück in den Zylinder zurück angesaugt. Konstruktionsbe-dingt verbleibt in jedem Arbeitsprozess eine bestimmte Abgasmenge im Tot-raum des Zylinders. Dieses im Zylinder verbleibende Abgas und das unter Umständen ins Saugrohr verschobene Abgas werden als interne zurückgeführ-te Abgase bezeichnet. Die Steuerzeit der Ein- und Auslassnockenwellen ist von Betriebsarten, Drehzahl und Last abhängig.

$$AS_{soll} \text{ oder } EÖ_{soll} = f(Betriebsart, n, T) \qquad Gl. 5.3$$

Auf Basis der berechneten Zylinderfüllung erfolgt die Vorsteuerung der Ein-spritzung und der Zündung.

◾ Einspritzung

In der Funktionsgruppe Einspritzung ist die Betriebsart der erste entscheiden-de Faktor. In homogen Betriebsarten gilt meistens $\lambda_{soll}=1$ mit den Ausnahmen wie z. B. Bauteileschutz oder Katalysator-Regeneration, bei denen das Ge-misch im Brennraum leicht fett sein sollte. In Mager-Betriebsarten bestimmt λ das Drehmoment des Motors. Deshalb wird λ_{soll} dabei von der Momenten-struktur berechnet. Die einzuspritzende Kraftstoffmasse wird je nach Betriebs-art, Luftmassenstrom $\dot{m}_L$ und λ ermittelt.

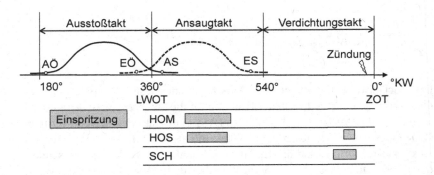

Abbildung 5.9: Nockenwellensteuerung und Eispritzwinkel

$$\dot{m}_{Krst} = f(Betriebsart, \dot{m}_L, \lambda) \qquad\qquad Gl.\ 5.4$$

Der Aufbau des Einspritzsystems und der Differenzdruck zwischen Kraftstoff und Brennraum entscheiden auf Basis der einzuspritzenden Kraftstoffmasse über die gesamte Einspritzdauer. Der Einspritzwinkel in verschiedenen Betriebsarten ist im unteren Teil der Abbildung 5.9 qualitativ zu entnehmen. In der HOM-Betriebsart erfolgt die gesamte Einspritzung im Ansaugtakt. Luft und Kraftstoff werden durch die Ladungsbewegung homogen gemischt. Zur Erzeugung eines homogenen Grundgemischs, wird in der HOS-Betriebsart ein Teil des Kraftstoffs im Ansaugtakt eingespritzt. Der restliche Kraftstoff ist im Verdichtungstakt einzuspritzen, damit ein zündwilliges Gemisch sich in der Nähe der Zündkerze befindet. In der SCH-Betriebsart erfolgen alle Einspritzungen in dem Verdichtungstakt, um eine Ladungsschichtung zu erzeugen. Die Einspritzung ist, neben der Betriebsart, auch von Motordrehzahl, Füllung (nur im Homogenbetrieb) und Kraftstoffmenge (nur im Magerbetrieb) abhängig. In einem Arbeitsspiel können je nach Betriebsart eine oder mehrere Einspritzungen erfolgen. Für jede einzelne Einspritzung sind zwei Ausgabe-Parameter entscheidend: der Kurbelwinkel des Einspritzbeginns und die Einspritzdauer.

■ Zündung:

Auch die Steuerungslogik des Zündsystems unterscheidet sich zwischen Homogen- und Schichtbetrieb. Wie schon für die Funktion der Momentstruktur erläutert, gibt es im Homogenbetrieb ein relativ breites Verstellfenster des Zündwinkels. Die Zündwinkelverstellung ist dabei eine Möglichkeit um das Drehmoment schnell auf- oder abzubauen. Für jede Drehzahl und Füllung gibt es einen kleinen Bereich, in dem der thermodynamische Wirkungsgrad und damit das effektive Motormoment am größten ist. Die früheste Grenze des Zündwinkels ist entweder der wirkungsgradoptimale Zündwinkel oder der Zündwinkel aus der Klopfregelung aufgrund der erreichten Klopfgrenze. Die späteste Grenze des Zündwinkels im niedrigen Lastbereich ist bedingt durch die Brenngrenze, im oberen Lastbereich dagegen durch den Bauteilschutz.

Abbildung 5.10 zeigt links den Steuerungsablauf des Zündwinkels im Homogenbetrieb. Ein Sollzündwinkel, der meistens wirkungsgradoptimal ist, wird anhand der Drehzahl und der Füllung vorgesteuert. Nach der Adaptierung aufgrund AGR und λ wird der Soll-Zündwinkel mit den Grenzwerten verglichen und gegebenenfalls angepasst. Die Abbildung rechts zeigt das Simulationsergebnis dieses Steuerungsablaufs.

Im Magerbetrieb hängt der Zündwinkel von der Einspritzzeit ab, weil die Entflammung bei Erreichung der zündfähigen Gemisch-Wolke an der Zündkerze erfolgen muss. Der Zündwinkel lässt sich zwar zusammen mit dem Einspritzwinkel als ein Paket verschieben, jedoch wird der Einspritzwinkel vor allem in der SCH-Betriebsart sehr stark von Ladungsbewegungen im Brennraum beeinflusst. D. h. die Lage der Einspritzung ist auf einen kleinen Bereich beschränkt, ebenso wie der Zündwinkel. Im Magerbetrieb wird der Zündwinkel erstens aus einem ungedrosselten Betriebskennfeld nach Drehzahl und Kraftstoffmenge ermittelt. Anschließend werden Korrekturen für Androsselungsgrad und AGR angewendet.

■ Betriebsarten Koordination

Die Verfügbarkeit der jeweiligen Betriebsart wird erst durch die Überprüfung der Füllung, des Drehmoments und der Drehzahl sichergestellt. Parallel ist aus Brennverfahrenssicht zu kontrollieren, in welcher Betriebsart die Momentanforderung sich umsetzen lässt. Anschließend müssen unterschiedliche Betriebszustände wie z. B. Leerlauf, Motorstart oder Antiruckel zusammen mit

Priorisierung der Betriebsarten koordiniert werden. Wenn die einzustellende Betriebsart vorliegt, erfolgt ein Betriebsartenwechsel durch ein Zusammenspiel des Füllungssystems, der Zündung und des Kraftstoffsystems.

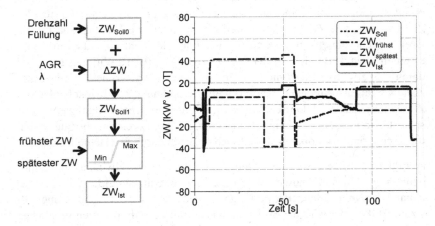

Abbildung 5.10: ZW-Steuerung im Homogenbetrieb

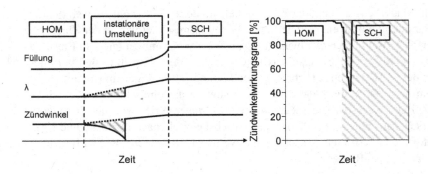

Abbildung 5.11: Steuerungen in Zünd- und Kraftstoffpfad während des Betriebsartenwechsels

Der Betriebsartenwechsel soll bedingt durch die Fahrbarkeit ohne spürbare Änderung des Motorabgabemoments erfolgen. Deshalb ist ein Umschalten z.

B. von der Betriebsart HOM zu SCH eine Koordination der drei obengenannten Steuergrößen. Für die gleiche Momentenanforderung mit gleicher Drehzahl benötigt der Motor in der SCH-Betriebsart mehr Füllung als in HOM-Betriebsart. Aufgrund der relativ langsamen Verstellung im Luftpfad wird ein Umschaltungsablauf wie in der Abbildung 5.11 links durchgeführt. Die Füllung wird kontinuierlich erhöht. Zeitgleich zieht der Zündwinkel in Richtung spät um eine aus der $\lambda=1$ Bedingung folgende Momentensteigerung zu vermeiden. Die Verschlechterung des Zündwinkelwirkungsgrads η_{ZW} durch diesen Schritt wird in der Simulation abgebildet und ist exemplarisch in Abbildung 5.11 rechts dargestellt. Wenn die Füllung einen bestimmten Wert erreicht hat, übernimmt die λ-Steuerung die Umschaltung. Im Gegenteil zum späten Zug des ZW führt die λ-Steigerung im Magerbetrieb zu einer Verbesserung des thermodynamischen Wirkungsgrads. Der Verbrauchsverlust durch eine Umschaltung lässt sich empirisch aus der Zündwinkelzug ermitteln.

Neben der Berechnung der Steuergrößen für die anderen Streckenmodelle ist auch die Berechnung des Kraftstoffverbrauchs eine wichtige Funktion des Motorsteuergerätemodells. Die aus der Einspritzfunktion direkt ermittelte Kraftstoffmenge wird mittels eines Polynom-Ansatzes auf die stationären Messungen an der Kraftstoffwage kalibriert und die korrigierte Einspritzmenge gilt als die Verbrauchsprognose für das gesamte Fahrzeugsystem.

Als Validierung werden zum Schluss alle wichtigen prognostizierten Steuerwerte aus dem ECU zzgl. des Verbrauchs überprüft. Die Schnittstellen des ECU-Modells zu den anderen Simulationsbausteinen werden erst durch die Signale aus der Messung gespeist. Da der Motor mit dem Magerbetrieb zum Zeitpunkt dieser Arbeit nur im konventionellen Fahrzeug gebaut wird, stammt die Messung als Vergleichsbasis auch aus einem konventionellen Antriebsstrang. Abbildung 5.12 zeigt als Beispiel die Simulationsergebnisse der momentanen Verbräuche im Vergleich zur Messung. Die Simulation hat in einen Determinationskoeffizient R^2 von jeweils 0.95 im NEFZ, bzw. 0.91 im WLTC. Die anderen Steuergrößen aus der Simulation zeigen auch gute Prognosequalität.

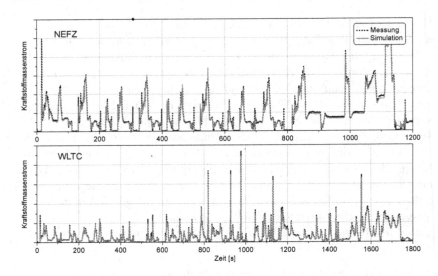

Abbildung 5.12: Simulationsergebnisse   der   momentanen   Kraftstoffverbräuche

Da der Verbrauch sowie die anderen Steuerwerte gut prognostiziert werden
können, ist davon auszugehen, dass trotz der starken Reduzierung des Funk-
tionsumfangs das Simulationsmodell mittels optimierter Funktionsstruktur,
flexibler Restbusbedatung und Ersatzregelkreises ein ähnliches Steuerungs-
verhalten wie die echte ECU darstellt. Die kompakte ECU-Struktur verlangt
keinen leistungsstarken Rechner und die beibehaltenen essentiellen Funktionen sind in der weiteren Entwicklung als Applikationsplattform überschaubar.
Allerdings ist die eingebundene Funktionsstruktur der fundamentalen Steue-
rungs- bzw. Koordinationslogik in der ECU eines modernen Ottomotors mit
Direkteinspritzung so nachgebildet, dass eine Verarbeitungstiefe in der frühen
Entwicklungsphase ermöglicht wird.

Der nächste Abschnitt beleuchtet die Struktur der Regelstrecke und Sensoren
in der Gesamtsystemsimulation: das MWM.

5.3 Das Mittelwertmotormodell

Die Verwendung eines MWM ist eine gängige Methodik für die Simulation des Luftpfads eines Verbrennungsmotors, da es einen guten Kompromiss zwischen Rechenaufwand und Genauigkeit darstellt [9]. Die physikalischen Phänomene des Verbrennungsmotors werden bei der Modellierung je nach zeitlicher Änderungsdynamik unterschiedlich abgebildet. Der Luftpfad mit seiner relativ langsamen Dynamik lässt sich durch gewöhnliche Differenzialgleichungen lösen. Die schnellen Reaktionen im Brennraum werden oft empirisch abgebildet. Der Arbeitsprozess im Brennraum läuft so schnell ab, dass dieser Prozess nicht Teil des Mittelwertmotormodells ist. Die Simulationsansätze für die detaillierten Verbrennungsabläufe sind sehr komplex und nicht geeignet für die Echtzeitsimulation [8]. Das Mittelwertmotormodell wird dadurch definiert, in der Simulation die diskreten Motorarbeitsprozesse während der Verbrennung zu vernachlässigen und die Thermodynamik im Luftpfad gemittelt zu betrachten [8].

Das Mittwertmotormodell in dieser Arbeit berechnet die thermodynamischen Zustandsgrößen im Luftpfad (z. B. Druck und Temperatur), den Massenstrom sowie den effektiven und indizierten Mitteldruck der Zylinder und das daraus resultierende Motormoment. Die Ergebnisse dienen als der Ersatz der Sensorsignale.

Abbildung 4.2 in Kapitel 4 stellen auch den modellierten Luftpfad dar, weil die geplanten Messstellen der Gliederung im Motormodell entsprechen müssen, damit die spätere Kalibrierung des Simulationsmodells erfolgreich laufen kann. Die beschrifteten Komponenten im Bild werden als Drosselelemente und die dazwischenliegenden Rohrleitungen als Behälterelemente modelliert. Wenn das Element über ein bestimmtes Volumen verfügt, ist der zeitliche Effekt durch dessen Kapazität auch im Behälterelement zu berücksichtigen. Innerhalb der einzelnen Komponenten sind die räumlichen Gradienten der Zustandsgrößen vernachlässigbar und alle Berechnung basieren auf den Mittelwerten des Elements. Diese nulldimensionale Vereinfachung wird auch als Füll-und Entleermethode bezeichnet.

Zunächst werden drei Arten von Bausteinen im Luftpfad und ihre physikalischen Grundlagen für die Modellierung des Luftpfads vorgestellt. Dies sind

die oben erwähnten Drossel- bzw. Behälterelemente und der Turbolader.
Außerdem wird das Arbeitsprinzip des Zylindermodells dargestellt.

▨ Drosselelement

Die Drossel- und Behälterelemente werden am Beispiel des Luftfilters und des
dahinterliegenden Volumens vor dem Verdichter vorgestellt:

Das Drosselelement bildet durch ein algebraisches Modell das Drosselverhal-
ten ab. Das algebraische Modell verfügt über keinen kontinuierlichen Zustand.
Wenn das Element ein bestimmtes Volumen besitzt, wird die Kapazität des
Volumenraums samt der Rohrleitung dahinter bis zu dem nächsten Element
durch einen Behälter als ein dynamisches Modell abgebildet. Das dynamische
Modell beschreibt mittels einer Differenzialgleichung den kontinuierlichen
Zustand des Systems.

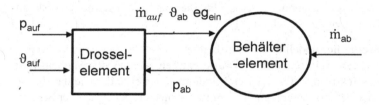

Abbildung 5.13: Modellierung des Luftfilters

Je nach der Geschwindigkeit des Massenstroms durch das Drosselelement
kann es als inkompressibel oder kompressibel modelliert werden. Bei beiden
Ansätzen wird angenommen, dass der Massenstrom isotherm ist und kein
Massenaustausch durch die Wand stattfindet. Die Modellierung des Luftfilters
trifft laut [46] die Voraussetzung für ein inkompressibles Fluid, weil die Strömung durch das Element moderate Geschwindigkeit (kleiner als 0.3 Ma) besitzt. Dies gilt auch für die meisten Teile des Luftpfads, nicht allerdings für
die Drosselklappe und einige Ventilbypässe. An solchen Stellen ist die Fluss-
geschwindigkeit so hoch, dass die Strömung nach der engsten Stelle turbulent
wird und kinetische Energie verliert.

Der Luftmassenstrom $\dot{m}_{auf}$ durch den Luftfilter lässt sich mittels der idealen
Gasgleichung und der Bernoulli-Gleichung wie folgt ermitteln:

$$\dot{m}_{auf} = \sqrt{\frac{p_{auf}}{K_{FW} \cdot \vartheta_{auf}}} \cdot \sqrt{p_{auf} - p_{ab}} \qquad \text{Gl. 5.5}$$

p_{auf} ist der Druck stromaufwärts. Für den Luftfilter entspricht dieser dem Umgebungsdruck. ϑ_{auf} ist die Umgebungslufttemperatur und p_{ab} ist der Druck nach dem Luftfilter und bevor dem Verdichter. K_{FW} ist der Beiwert für den Stromwiderstand. Da der Durchfluss isotherm ist, entspricht die Temperatur hinter dem Luftfilter ϑ_{ab} der Lufttemperatur ϑ_{auf}.

$$\vartheta_{auf} = \vartheta_{ab} \qquad \text{Gl. 5.6}$$

■ Behälterelement

In dem Behälterelement wird der Volumeneffekt mit der Annahme abgebildet, dass die potenzielle bzw. kinetische Energie des gesamten Gases unverändert bleibt. Dabei ist die Luftmasse m_L als die Summe aus der eintretenden Luftmasse $\sum_i \dot{m}_{ein,L,i}$ und der austretenden Luftmasse $\sum_j \dot{m}_{aus,L,j}$ beschrieben. Das gilt ebenso für die Abgasmasse m_{Ag} (im Luftfilter $m_{Ag}=0$). Die Änderung der Temperatur ϑ_{Be} lässt sich aus dem Energiegleichgewicht und der idealen Gasgleichung in Gl. 5.9 ableiten [46]. $\dot{H}_{ein}$ und $\dot{H}_{aus}$ sind die Enthalpie in den ein- und austretenden Gasen, c_p und c_v die spezifischen Wärmekapazitäten. Die AGR-Rate und die Temperatur an dieser Stelle werden aus der Integration der Gl 5.7 bis Gl. 5.9 ermittelt.

$$\frac{dm_L(t)}{dt} = \sum_i \dot{m}_{ein,L,i} + \sum_j \dot{m}_{aus,L,j} \qquad \text{Gl. 5.7}$$

$$\frac{dm_{Ag}(t)}{dt} = \sum_i \dot{m}_{ein,Ag,i} + \sum_j \dot{m}_{aus,Ag,j} \qquad \text{Gl. 5.8}$$

$$\frac{d\vartheta_{Be}(t)}{dt} = \frac{1}{m_{Be} \cdot c_V} \cdot (\dot{H}_{ein} - \dot{H}_{aus} + \dot{Q}_{ein} - \frac{dm_{Be}}{dt} \cdot c_V \cdot \vartheta_{Be}) \qquad \text{Gl. 5.9}$$

$$\dot{H}_{ein} = \sum_i (\dot{m}_{ein,i} \cdot c_p \cdot \vartheta_{ein,i}) \qquad \text{Gl. 5.10}$$

Der Druck im Behälterelement, im Beispiel vor dem Verdichter, lässt sich durch die ideale Gasgleichung ermitteln:

$$p_{ab} = \frac{m_{Be} \cdot R \cdot \vartheta_{Be}}{V_{Be}} \qquad \text{Gl. 5.11}$$

Für den Fall des Luftfilters wird angenommen, dass die Temperatur nur durch die einfließende und ausfließende Gasenthalpie beeinflusst wird. Die Wirkung der Wärmeübertragung $\dot{Q}_{ein}$ wird vernachlässigt. In anderen Sektionen des Luftpfads, in denen die Wärmeübertragung signifikant ist (z. B. im Ladeluftkühler oder im Turbolader), ist für die Berechnung von $\dot{Q}_{ein}$ ein Wärmeaustauschmodell implementiert.

Im Wärmeaustauschmodell ist der Wärmeverlust des Gases an die Motorwand abzubilden. Bei der Wärmeübertragung wird die Wärmestrahlung aufgrund des geringen Betrags vernachlässigt und die Annahme ist, dass über die kompletten innen- und außenseitigen Wandoberflächen A_W in einem Behälterelement einheitliche Temperatur ϑ_W herrscht.

$$\dot{Q}_W = \alpha_i \cdot A_W \cdot (\vartheta_W - \vartheta_{Be}) \qquad \text{Gl. 5.12}$$

$$\frac{d\vartheta_W}{dt} = -\frac{\dot{Q}_W + \dot{Q}_a}{m_W \cdot c_{p,W}} \qquad \text{Gl. 5.13}$$

Gl. 5.12 gilt sowohl für Wärmeübertragung an innenseitiger Wand $\dot{Q}_W$ als auch für die außenseitige Wand $\dot{Q}_a$ (dabei wird die Temperaturdifferenz aus der Wandtemperatur und der Umgebungslufttemperatur ermittelt). Der konvektive Wärmeübertragungsbeiwert α_i ist ein von der Gasgeschwindigkeit abhängigem Beiwert.

■ Turbolader

Der abzubildende Motor dieser Arbeit besitzt einen einstufigen Mono-Scroll-Abgasturbolader. In diesem Fall setzt sich das Simulationsmodell des Turboladers aus einer Abgasturbine, einem Verdichter und einem Trägheitsmoment des Turbolader-Systems zusammen. Die komplette Vermessung des Turbolader-Kennfelds kann aufgrund der Einstellungsmöglichkeit nur am Komponentenprüfstand erfolgen. Für die Modellierung des im Fahrzeug eingesetzten Turboladers werden die vermessenen Kennfelder anhand der Referenzbetriebspunkte angepasst.

Mit Hilfe eines Verdichter-Kennfelds (Abbildung 5.14) und folgenden drei Parametern lässt sich der Betriebszustand des Verdichters beschreiben: das Druckverhältnis Π_{Vd} vor und nach dem Verdichter (Linie 1); die Drehzahl des Verdichters n_{Vd} (Kurve 2 konstanter Drehzahl), die Temperatur ϑ_{ref} vor dem Verdichter für Referenzbedingungen. Wenn das Druckverhältnis und die Drehzahl bekannt sind, lässt sich der Durchfluss $\dot{m}_{Vd}$ 3 im Diagramm ablesen. Der Wirkungsgrad des Verdichters η_{Vd} ist als Isolinie 4 dargestellt und beschreibt die Beziehung der Eingangsleistung $P_{Vd,ein}$ zur Ausgangsleistung P_{Vd} in Gl. 5.15.

$$\Pi_{Vd} = \frac{p_{ab}}{p_{auf}} \qquad\qquad \text{Gl. 5.14}$$

$$P_{Vd} = \frac{P_{Vd,ein}}{\eta_{Vd}} = \dot{m}_{Vd} \cdot c_p \cdot \vartheta_{ref} \cdot [\Pi_{Vd}^{\frac{\kappa-1}{\kappa}} - 1] \cdot \frac{1}{\eta_{Vd}} \qquad\qquad \text{Gl. 5.15}$$

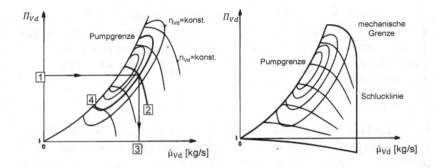

Abbildung 5.14: Kennfeld und Grenzen des Verdichters [8]

Anhand des Referenzdrucks p_{ref} und der Temperatur ϑ_{ref} wird aus dem aktuellen Umgebungsluftdruck p_{auf} und der Temperatur ϑ_{auf} die tatsächliche Drehzahl $\tilde{n}_{Vd}$, sowie der Durchsatz des Verdichters $\dot{m}_{Vd}$ wie folgt berechnet.

$$\tilde{n}_{Vd} = \sqrt{\frac{\vartheta_{ref}}{\vartheta_{auf}}} \cdot n_{Vd} \qquad\qquad \text{Gl. 5.16}$$

$$\dot{m}_{Vd} = \frac{p_{auf}}{p_{ref}} \cdot \sqrt{\frac{\vartheta_{ref}}{\vartheta_{auf}}} \cdot \dot{\mu}_{Vd} \qquad\qquad \text{Gl. 5.17}$$

Aufgrund der unterschiedlichen Umgebungsbedingungen während der Messung und im Betrieb muss das Kennfeld des Verdichters vor dem Simulationseinsatz angepasst werden. Durchsatz und Wirkungsgrad sind jeweils durch Least-Square-Fitting Algorithmus zu kalibrieren. Die detaillierte Herleitung und Beschreibung sind in [8] und [46] zu finden. Für die Turbine muss eine ähnliche Anpassung des Abgasmassenstroms und des Wirkungsgrads durchgeführt werden.

Der Betriebsbereich des Verdichters ist durch Pumpgrenze, Schlucklinie und maximal zulässige Drehzahl begrenzt, wie in Abbildung 5.14 rechts abgebildet. Außerhalb dieses Bereichs gelten Sonderbedingungen für den Betrieb, die Gleichung muss anders formuliert werden [46].

Der Abgasmassenstrom lässt sich durch das Wastegate vor der Abgasturbine teilen. Ein Teil fließt durch den Bypass direkt in das Abgasnachbehandlungssystem ein. Dieser Teil wird als kompressibles Drosselelement abgebildet. Der Rest strömt in die Abgasturbine ein. Die Modellierung der Turbine ähnelt derer des Verdichters. Das Turbinenkennfeld hat analog zum Verdichter Drehzahl und Druckverhältnis als Eingänge und Massenstrom als Ausgang. Drehzahl und Massenstrom müssen auch mittels der Referenzbedingungen umgerechnet werden.

Die Rotationsgeschwindigkeit des Verdichters ω_{Vd} lässt sich durch das Trägheitsmoment des Turboladers Θ_{Vd} und alle an der Verbindungswelle wirkenden Drehmomente T_i in Gl. 5.18 beschrieben. T_T und T_{Vd} sind die Drehmomente der Turbine und des Verdichters. T_R ist das Reibungsmoment des Turboladers.

$$\frac{d}{dt}\omega_{Vd}(t) = \frac{1}{\Theta_{Vd}}[T_T(t) - T_{Vd}(t) - T_R(t)] \qquad \text{Gl. 5.18}$$

■ Motorzylinder

Das Zylindermodell berechnet den Einlassmassenstrom, den Massenstrom und die Temperatur im Abgaskrümmer sowie das generierte Drehmoment. Für den Verbrennungsmotor mit Direkteinspritzung wirkt die Änderung der Einspritzsteuerung sofort in der nächsten Verbrennung, deswegen ist eine dynamische Modellierung des Einspritzsystems unnötig [8].

Bei der Berechnung des Massenstroms durch den Brennraum wird der Zylinder als eine Volumenpumpe modelliert. Nach dem Abschluss eines Ladungswechsels (nach Schließen des Einlassventils) beschreibt der Liefergrad λ_L das Verhältnis des tatsächlich durch den Brennraum fließenden Frischladungsstroms $\dot{m}_L$ zum theoretischen maximalen Volumendurchsatz einer idealen Pumpe $\dot{m}_0$. Der Liefergrad ist abhängig von der Rotationsgeschwindigkeit und dem Druckverhältnis p_m (Abgasdruck gegenüber Ansaugdruck). Der Einfluss durch die Rotationsgeschwindigkeit ist empirisch durch ein Polynom 2. Grades abgebildet. Dessen Abhängigkeit zu dem Druckverhältnis ist thermodynamisch abgebildet mit der Annahme der isentropischen idealen Gasgleichung (ϵ ist das Verdichtungsverhältnis des Motors).

$$\dot{m}_L = \lambda_L(p_m, \omega) \cdot \dot{m}_0$$

$$= (\gamma_1 + \gamma_2\omega + \gamma_2\omega^2) \cdot \frac{\varepsilon - p_m^{1/K}}{\varepsilon - 1}$$

$$\cdot \frac{V_H \cdot \omega \cdot p_{ein}}{4 \cdot \pi \cdot R \cdot \vartheta_{ein}}$$

Gl. 5.19

Der Massenstrom durch das Auslassventil $\dot{m}_{Aus}$ ist die Summe aus in einem motorischen Takt eingesaugter Ladung $\dot{m}_\beta$ und eingespritzten Kraftstoff $\dot{m}_\varphi$, wobei die AGR-Rate x_{Ag} mitberücksichtigt werden muss. Dies gilt besonders bei der Berechnung des Luftverhältnisses λ. $\sigma_0 = 14{,}7$ ist der stöchiometrische Luftbedarf für den Ottomotor.

$$\dot{m}_{Aus} = \dot{m}_\beta + \dot{m}_\varphi$$

Gl. 5.20

$$\lambda = \frac{(1 - x_{Ag}) \cdot \dot{m}_\beta + x_{Ag} \cdot \dot{m}_\beta \cdot \dfrac{\sigma_0}{1 + \sigma_0}}{(\dot{m}_\varphi + x_{Ag} \cdot \dot{m}_\beta \cdot \dfrac{\sigma_0}{1 + \sigma_0}) \cdot \sigma_0}$$

Gl. 5.21

Der grundsätzliche Unterschied in den Betriebsarten veranlasst eine Differenzierung bei der Modellierung der Drehmomentgenerierung und der Abgastemperatur. Da der Unterschied sich nicht durch einfachen polynomischen Ansatz lösen lässt, werden drei Zylindermodelle für die drei Hauptbetriebsarten (HOM, HOS, SCH) erstellt und individuell kalibriert. Für die Betriebsart HSP wird das HOM-Zylindermodell benutzt und um eine zusätzliche Verschlechterung des Verbrennungswirkungsgrades erweitert. Dies führt zu reduzierter Momentabgabe und erhöhter Abgastemperatur.

Das effektive Drehmoment T_{eff} in einem 4-Takt-Motor lässt sich aus dem effektiven Mitteldruck p_{me} und dem Hubvolumen V_H errechnen. p_{Kr} ist der fiktive Mitteldruck der im Kraftstoff enthaltenen chemischen Energie. η_{th} ist der thermische Wirkungsgrad und p_{mr} ist der Reibmitteldruck. p_{Kr} lässt sich durch die eingespritzte Kraftstoffmasse m_{Kr} und den unteren Heizwert H_u berechnen (Gl. 5.23). p_{mr} wird drehzahlabhängig am Motorprüfstand vermessen und mittels Willians-Linie extrapoliert.

$$T_{eff} = p_{me} \cdot \frac{V_H}{4 \cdot \pi} = (\eta_{th} \cdot p_{Kr} - p_{mr}) \cdot \frac{V_H}{4 \cdot \pi} \qquad \text{Gl. 5.22}$$

$$p_{Kr} = \frac{H_u \cdot m_{Kr}}{V_H} = \frac{H_u \cdot \dot{m}_{Kr} \cdot 4 \cdot \pi}{V_H \cdot \omega} \qquad \text{Gl. 5.23}$$

Für die Berechnung des thermischen Wirkungsgrads η_{th} wird ein empirischer Ansatz analog zum Momentmodell in der ECU verwendet (siehe Gl.5.1). In der Betriebsart HOM ist der thermische Wirkungsgrad von Drehzahl und Last ($\eta(n, T)$), Zündwinkel (η_{ZW}) und Nockenwellensteuerung (η_{NW}) abhängig. Für die Betriebsart HSP wird η_{th} noch durch HSP-Wirkungsgrad η_{HSP} verschlechtert (in HOM $\eta_{HSP}=1$). In den Mager-Betriebsarten SCH oder HOS wird η_{th} von Drehzahl, Last, Verbrennungsluftverhältnis (η_λ) und AGR (η_{AGR}) bestimmt.

$$\text{HOM oder HSP: } \eta_{th} = \eta(n, T) \cdot \eta_{ZW} \cdot \eta_{NW} \cdot \eta_{HSP} \qquad \text{Gl. 5.24}$$

$$\text{SCH oder HOS: } \eta_{th} = \eta(n, T) \cdot \eta_\lambda \cdot \eta_{AGR} \qquad \text{Gl. 5.25}$$

Für die Berechnung der Abgastemperatur ist die Energiebilanz zu halten. Die Enthalpie des Abgases $\dot{H}_{Ag}$ ist die Summe der Enthalpie der eingeflossene Ladung $\dot{H}_{Ein}$ und der Wärme der Verbrennung $\dot{Q}_{Vb}$.

$$\dot{H}_{Ag} = \dot{H}_{Ein} + \dot{Q}_{Vb} \qquad \text{Gl. 5.26}$$

$$\dot{Q}_{Vb} = (H_u \cdot \dot{m}_{Kr} - \omega \cdot T_{eff}) \cdot (k_W + t_1 \cdot \omega + t_2 \cdot T_{eff}) \qquad \text{Gl. 5.27}$$

Die Berechnung für $\dot{H}_{Ein}$ ist schon in Gl. 5.26-5.27 dargestellt. Über die Höhe des Wärmeeintrags $\dot{Q}_{Vb}$ entscheidet vor allem der effektive Wirkungsgrad. Der Wärmeabsorptionsfaktor k_W und Drehzahl sowie Last haben ebenfalls Einfluss darauf. Die Abgastemperatur lässt sich wie folgt berechnen:

$$\vartheta_{Ag} = \frac{\dot{H}_{Ag}}{c_p \cdot (\dot{m}_{Kr} + \dot{m}_L)} \qquad \text{Gl. 5.28}$$

■ Modellsturktur des MWM

Das MWM setzt sich zusammen aus den simulativen Elementen, die für viele Bauteile gemeinsam nutzbar sind, wie z. B. das schon vorgestellte Drosselelement oder das Behälterelement, und für jeden Einsatz einen individuell kalibrierten Parametersatz erhält. Daneben gibt es auch die Sonderelemente, die nur für bestimmte Bauteile verwendet werden sollen wie z. B. die Turbine oder den Verdichter. Abbildung 5.15 stellt symbolisch die Modellstruktur des MWM für diese Arbeit dar und ist für den Versuchsträger M270 konzipiert.

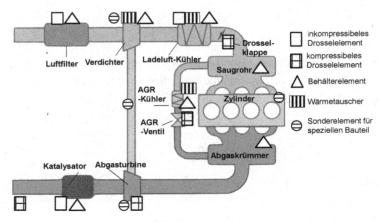

Abbildung 5.15: Modellsturktur des MWM für M270

■   Kalibrierung des Mittelwertmotormodells

Für die Kalibrierung des Mittelwertmotormodells werden sowohl stationäre als auch transiente Messungen benötigt. Da die geometrischen Motorabmessungen bekannt sind, findet zunächst eine statische Kalibrierung statt, die bei jedem einzelnen algebraischen Element durchgeführt wird. Die IMRT Engine Library der ETH [46] bietet ein Kalibrierungswerkzeug für diesen Schritt. Die Eingänge und die Soll-Ausgänge einer stationären Messreihe werden durch Excel-Daten eingelesen und die Simulationsergebnisse durch Optimierung der Parameter an die Messung iterativ kalibriert. Für die Kalibrierung wird ein Optimierungsalgorithmus in Matlab® mit dem nichtlinearen Trust-Regionen-Verfahren benutzt.

Wenn alle algebraischen Elemente fertig kalibriert sind, müssen die Behälterelemente ab dem kleinsten dynamischen Subsystem z. B. dem AGR-System schrittweise angeschlossen werden und mittels transienter Messung an der jewieligen Messstelle kalibriert, bis das komplette Luftpfad-System aufgebaut ist.

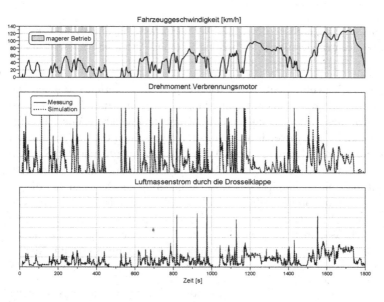

Abbildung 5.16: Momentgenerierung und Luftmassen in WLTC

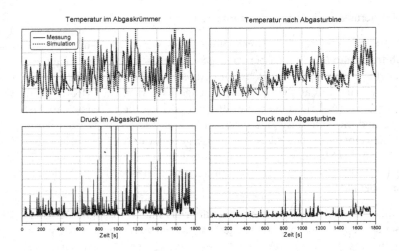

Abbildung 5.17: Temperatur und Druck im Abgaskrümmer und nach der Turbine

Die Simulationsergebnisse des Mittelwertmotormodells im WLTC sind im Vergleich zu einer Messung in Abbildung 5.16 und Abbildung 5.17 zu entnehmen.

In Bezug auf Drehmoment, Massenstrom und Druckverlauf stimmen die Simulationsergebnisse gut mit den Messwerten überein. Das effektive Drehmoment des Motors ist ein Teil des Momentenregelkreises des Gesamtsystemmodells. Der Abgleich der Temperatur vor allem die Temperatur im Abgaskrümmer zeigt jedoch gewisse Abweichung. Zum einen liegt dies daran, dass der Temperaturverlauf nach dem Brennraum statistisch sehr stark schwankt und mittels empirischer Ansätze generell schwierig zu simulieren ist. Zum anderen stammen die statische und die dynamische Messung von verschiedenen Prüfständen und die Einbaustellen des Temperatursensors können leicht voneinander abweichen. Die Position des Sensors hat jedoch erheblichen Einfluss auf die aufgenommene Abgastemperatur im Abgaskrümmer.

Hinsichtlich des geringen Rechenaufwands und der Echtzeitfähigkeit bietet das MWM befriedigende Prognose-Qualität, deshalb gilt der Einsatz des

MWM als Sensorersatz und ein Teil des Drehmoment-Regelkreises für das Gesamtsystemmodell als unentbehrlich. Der Versuchsträger M270 ist ein Ottomotor mit strahlgeführtem Brennverfahren und seine verschiedenen Betriebsarten sind durch individuelle Modellierungen der Momentgenerierung abgebildet. Die in dieser Arbeit entstandene Toolkette lässt sich durch leichte Anpassung für anderen Ottomotor mit Direkteinspritzung anwenden.

Die thermodynamischen Größen, die vom MWM berechnet werden, fließen nicht nur in das ECU-Modell, sie sind auch wichtige Eingangssignale für das Rohemissionsmodell im nächsten Kapitel.

5.4 Das Rohemissionsmodell

Das Rohemissionsmodell berechnet die Rohemissionskonzentration der NO_x, HC und CO und es ist auf Basis des quasi-stationären (QSS) Ansatzes aufgebaut. Beim quasi-stationären Ansatz wird angenommen, dass die Zielgrößen sich anhand der Eingangsgrößen Drehzahl und Drehmoment sowie der am Prüfstand vermessenen Kennfelder prognostizieren lassen. Dieser Ansatz ist effizient und bietet ausreihend gute Ergebnisse für die Verbrauchssimulation, jedoch ist der quasi-stationäre Ansatz für die Rohemissionsprognose aufgrund erheblicher Einflüsse der transienten Verbrennungsbedingungen unzureichend [9].

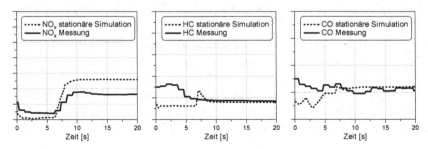

Abbildung 5.18: Vergleich stationäre Simulationsergebnisse mit Messung

Abbildung 5.18 zeigt stationäre Simulationsergebnisse im Vergleich zu den transienten Messergebnissen der drei simulierten Rohemissionsbestandteile NO_x, HC und CO. Die stationären Rohemissionskennfelder und die transienten Messungen wurden mit identischen und gleichen Randbedingungen ermittelt. Beim NO_x zeigen quasi-stationäre Simulation und Messung qualitativ ähnliche Verläufe, allerdings mit starker quantitativer Abweichung. Beim HC und CO stimmen die Verläufe auch qualitativ nicht mit der Messung überein.

Gegenüber dem stationären Ansatz gibt es auch nummerische Methodiken der 3D Simulation, die die chemische Reaktion bei der Verbrennung und Rohemissionen als deren Produkte detailliert beschreiben. Jedoch ist der sehr hohe rechnerische und zeitliche Aufwand nicht mit der Zielsetzung dieser Arbeit vereinbar. Als Alternative zum stationären Ansatz gibt es nach [47] zwei anderen gängigen Methodiken der Modellierung. Der erste Ansatz beschreibt die Systemstruktur mittels fundamentaler chemischer und physikalischer Gleichungen. Die Parameter und Beiwerte werden angepasst oder kalibriert. Diese Methodik kann das allgemeine Motorverhalten gut beschreiben, jedoch ist die Prognose für das Motor-individuelle Verhalten mangelhaft. Außerdem ist der dafür benötigte Brennverlauf als Eingangssignal im Gesamtsystemmodell nicht vorhanden. Der andere Ansatz wäre ein sogenanntes 'Black-Box' Modell ohne spezifische Definition der Modellstruktur. Aufgrund der hoch nichtlinearen Eigenschaften und der Wechselwirkung der Betriebsrandbedingungen bei der Rohemissionsentstehung zeigt dieser Ansatz mit dem künstlichen neuronalen Netz (KNN) oder mit genetischem Algorithmus einen guten Kompromiss von Rechenzeit und Genauigkeit.

In dieser Arbeit wird auf Basis des QSS Ansatzes eine 'Black Box' Methodik erweitert [9]. Dabei findet ein KNN Anwendung, welches bei stark nichtlinearen Prozessen wie z. B. dem Abgasverhalten wesentlich besser geeignet ist als der Polynom-Ansatz [48]. Da wichtige Einflussfaktoren allerdings bekannt sind und Eingänge für das KNN mit Expertenkenntnissen vorausgewählt werden können, wird diese Methodik auch als 'Grey Box' bezeichnet [9].

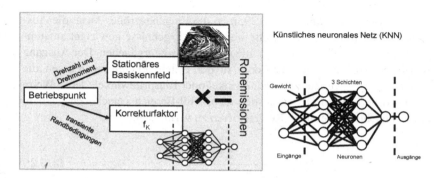

Abbildung 5.19: Arbeitsprinzip des Rohemissionsmodells und Aufbau des KNNs

Das Arbeitsprinzip des Rohemissionsmodells ist in Abbildung 5.19 links skizziert. Zunächst wird der stationäre Rohemissionswert mithilfe der Lastpunktinformation bestimmt. Anschließend wird dieser Wert mit einem Korrekturfaktor f_K, der die transienten Randbedingungen berücksichtigt, multipliziert. Zur Bestimmung des Korrekturfaktors sind als Eingänge dynamische Größen aus dem Motorsteuergerät (z. B. der Zündwinkel oder die Steuerzeit) sowie die thermodynamischen Zustandsgrößen (z. B. Temperatur im Abgaskrümmer) nötig. Das KNN wird anhand der Messung der transienten Randbedingungen für jede Rohemission separat trainiert, damit es später in der Gesamtsystemsimulation mit den simulierten Steuer- und Zustandsgrößen aus dem ECU und dem MWM die Rohemissionen prognostizieren kann.

Die Erzeugung des neuronalen Netzes erfolgt mittels stationären Messdaten. Die Netzstruktur ist fest und hat jeweils fünf Neuronen in zwei Ebenen (Siehe Abbildung 5.19 rechts). Jedes einzelne KNN ist für eine Rohemission in einer Betriebsart vorgesehen, d. h. für die Berechnung von NO_x, HC und CO in drei Betriebsarten werden insgesamt neun Netze benötigt. Die Eingänge sowie Ausgänge werden immer auf die standardmäßigen stationären Einstellungen, Zustände oder Emissionen des gleichen Betriebspunkts des Motors referenziert. Die Eingänge sind hier die referenzierten Betriebsgrößen, z. B. der Zündwinkel und die Abgastemperatur. Jedes Neuron kann als ein kleines KNN betrachtet werden und nimmt alle Eingangsinformationen auf. In den ersten zwei Ebenen dient jeweils eine hyperbolische Tangenten-Sigmoid-Funktion als Übertragungsfunktion (Gl. 5.29, n ist die Eingangsgröße, Ausg. die Ausgangsgröße). In der letzten Ebene werden die Ergebnisse gewichtet aufsummiert und an eine lineare Übertragungsfunktion weitergegeben. Der Ausgang ist eine referenzierte Rohemission. In der Datenvorbereitung müssen die Größen mit Nullwerten, z. B. Zündwinkel oder Einspritzwinkel, deren Werte durch vordefinierten Offsets in den nicht-Null-Bereich verschoben werden, um einen Datenfehler beim Referenzieren zu vermeiden.

$$\text{Ausg.} = \frac{2}{(1 + e^{-2n}) - 1} \qquad \text{Gl. 5.29}$$

Die vermessenen stationären Kennfelder, die zur Kalibrierung des Mittelwertmodells dienen, werden als Basiskennfelder für Rohemissionen aufgenommen. In den Basiskennfeldern sind gleichzeitig die Referenzinformationen enthalten. Zusätzlich sind Messungen über die Einflüsse der Randbedingungen notwendig. Die Einflüsse der Randbedingungen sollen durch die Variation der Stellgrößen stationär erfasst werden. Wenn die Messtechnik es zulässt, ist es vorteilhaft solche Einflüsse durch Parametervariation transient zu ermitteln. Der Messungsplan wurde bereits in Kapitel 4 vorgestellt.

Es gibt mehr als 40 Stellgrößen oder Betriebsinformationen aus den Motormessungen, die relevant für die Rohemissionsentstehung sind und als Eingänge für das KNN dienen können. Zunächst muss eine Eingangsauswahl (IVS, *Input Variable Selection*) nach [9] durchgeführt werden, um den Kalibrierungsaufwand des KNNs zu reduzieren. Der IVS-Prozess ist in Abbildung 5.20 skizziert. Die Vorauswahl ist entweder durch einen genetischen Algorithmus (GA) zu erzeugen oder nach der Rückmeldung der Gültigkeitsauswertung anzupassen. Die mittlere quadratische Abweichung (MSE, *Mean Squared Error*) dient als Indiz für Gültigkeit in der Auswertung. Um die Kalibrierungszeit für das Modell zu reduzieren, lässt sich das KNN für diesen Schritt auf eine Ebene mit vier Neuronen vereinfachen.

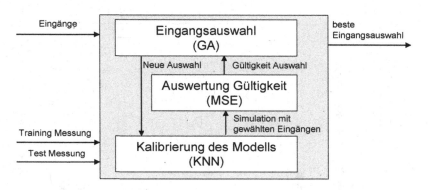

Abbildung 5.20: Arbeitsablauf der IVS [9]

Zur Bestimmung einer sinnvollen Anzahl an Eingängen werden Pareto-Diagramme verwendet. Das Pareto-Diagramm am Beispiel der CO-Entstehung im HOM-Betrieb in Abbildung 5.21 hilft dazu, den besten Kompromiss zwischen Rechenaufwand und Genauigkeit der Prognose herauszufinden. Die Basisinformationen für den Betriebspunkt, die Motordrehzahl, die Füllung und die Kraftstoffmenge, sind als feste Vorwahl vordefiniert. Die anderen Eingänge kommen zusätzlich dazu, und die Gültigkeit der Kombination wird daraufhin bewertet. Die durchgezogene Linie im Diagramm ist als Pareto Front bekannt und zeigt die beste Kombination mit der jeweiligen Anzahl an Eingängen. Mit fester Iterationsanzahl von 200 und demensprechend akzeptierbare Rechenzeit, ergibt sich der niedrigste MSE laut der Pareto Front mit einer Kombination von acht Eingängen. Jedoch hat die Kombination mit sechs Eingängen einen nur leicht höheren MSE bei wesentlich reduziertem Rechenaufwand. Deswegen wird für diesen Fall die Kombination mit sechs Eingängen für das KNN benutzt.

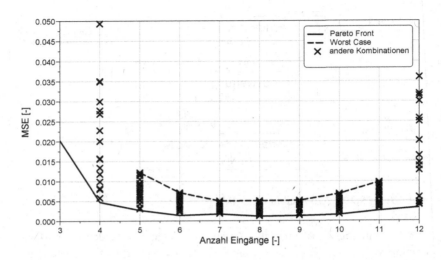

Abbildung 5.21: Pareto-Diagramm am Beispiel CO- Entstehung im HOM-Betrieb

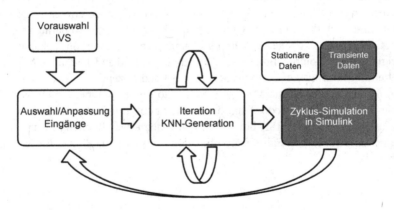

Abbildung 5.22: Ablauf der Kalibrierung REM

Der komplette Kalibrierungsprozess ist in Abbildung 5.22 dargestellt. Die direkte Auswahl der IVS wird vor dem Einsatz überprüft. Funktionell ähnliche Eingänge werden reduziert, jedoch physikalische wichtige aber von der IVS

nicht gewählte Eingänge aufgenommen wieder vor dem nächsten Kalibrie-
rungsschritt. Die verwendeten KNN stammen aus [9] und [49]. Während der
Generierung des KNN werden die Messungen mit variierten Parametern in
jeder Iteration zufällig erneut in drei Gruppen geteilt, eine zum Training und
eine zum Validieren des erstellten Netzes. Die dritte Gruppe samt den anderen
beiden Gruppen werden benutzt, um die Güte des Netzes zu bewerten. Nach
vorgegebener Anzahl der Iterationen, wird das Netz, welches nach einem de-
finierten Fehlerkriterium die geringste Abweichung in der Testphase aufweist,
in den nächsten Simulationsschritt eingebunden.

Abbildung 5.23 zeigt das Zwischenergebnis der KNN-Kalibrierung gegenüber
der Messung und dem Ergebnis der stationären Simulation. Über die einzelnen
stationären Messpunkte auf der Abszisse sind auf der Ordinate die NO_x Kon-
zentration aufgetragen, referenziert auf die Emissionswerte im QSS-Kennfeld.
Die stationären Ergebnisse ändern sich nur mit Drehzahl und Last, weshalb sie
in der Simulation oft konstant bleiben, während die anderen Betriebsbedingungen und dementsprechend auch die Emissionen sich ändern. Dagegen zeigen die mit den KNN-Faktoren korrigierten Ergebnisse sehr gute Korrelation
mit der stationären Messung (R^2=0,9708).

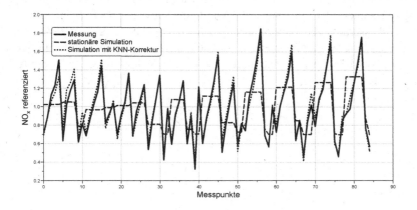

Abbildung 5.23: Zwischenergebnisse der Iteration KNN-Generierung

Die Simulation des Fahrzyklus zur Überprüfung des kalibrieten KNN ist der einzige Schritt, der auf die transienten Messdaten angewiesen ist. Das Arbeitsprinzip entspricht dem in Abbildung 5.19. Als Eingänge für die Überprüfung stammen die transienten Betriebsrandbedingungen direkt aus der Messung und die Ergebnisse werden anschließend mit den gemessenen Rohemissionen verglichen. Das stationär kalibrierte KNN soll die transienten Messungen gut prognostizieren. Der Datenfehler und transiente Messwerte, die stark von dem stationär einstellbaren Parameter abweichen, führen zu schlechter Prognosequalität und können erst in diesem Schritt auffallen. In notwendigen Fällen müssen die stationären oder die transienten Messungen korrigiert bzw. angepasst und die KNN ggf. erneut kalibriert werden.

Die Tabelle 5.1 zeigt die finalen Eingänge für die Kalibrierung des KNN. Da es für jede Betriebsart und jede Rohemissionsart ein individuelles KNN gibt, sind die Eingänge auch leicht unterschiedlich. Neben den gemeinsamen Eingängen wie z. B. Zündwinkel oder Saugrohrdruck, die für fast jede Variante des KNN wichtig sind, ergeben sich auch betriebsartenspezifische Eingänge, z. B. AGR und die Einspritzzeit im Magerbetrieb. Die Verbrennungstemperatur ist maßgebend für die NO_x-Rohemissionsentstehung. Daher ist es auf den ersten Blick überraschend, dass die zusätzliche Aufnahme der Temperatur im Abgaskrümmer oder die Temperatur vor dem Katalysator als Eingänge nicht zur Verbesserung der Performance beitragen können. Dies liegt teilweise daran, dass die Abgastemperatur in der stationären Messung von der in der transienten Messung abweicht und dadurch die Kalibrierungsgüte negativ beeinflusst.

Tabelle 5.1: Eingänge der KNN in HOM, HOS und SCH

Betriebsart	Roh-emission	Eingänge für KNN
HOM	NO$_x$	Drehzahl, Einspritzmenge, Luftfüllung, Zündwinkel, Saugrohrdruck, Saugrohrtemperatur, Kühlwassertemperatur, Kurbelwinkel Einlassventil Öffnen, λ
HOM	HC	Drehzahl, Einspritzmenge, Luftfüllung, Zündwinkel, Saugrohrdruck, Saugrohrtemperatur, Auslassventil Schließen, λ
HOM	CO	Drehzahl, Einspritzmenge, Luftfüllung, Zündwinkel, Saugrohrdruck, Saugrohrtemperatur, λ
HOS	NO$_x$	Drehzahl, Einspritzmenge, Luftfüllung, AGR, Zündwinkel, Saugrohrdruck, Saugrohrtemperatur, Einspritzzeit erster Einspritzung, Kühlwassertemperatur, λ
HOS	HC	Drehzahl, Einspritzmenge, Luftfüllung, AGR, Zündwinkel, Saugrohrdruck, Saugrohrtemperatur, Einspritzzeit erster Einspritzung, Kühlwassertemperatur, λ
HOS	CO	Drehzahl, Einspritzmenge, Luftfüllung, AGR, Zündwinkel, Saugrohrdruck, Saugrohrtemperatur, Einspritzzeit erster Einspritzung, Kühlwassertemperatur, λ
SCH	NO$_x$	Drehzahl, Einspritzmenge, Luftfüllung, AGR, Zündwinkel, Saugrohrdruck, Einspritzzeit erster Einspritzung, Temperatur im Abgaskrümmer, Kühlwassertemperatur, λ
SCH	HC	Drehzahl, Einspritzmenge, Luftfüllung, AGR, Zündwinkel, Saugrohrdruck, Saugrohrtemperatur, Einspritzzeit erster Einspritzung, Kühlwassertemperatur, λ
SCH	CO	Drehzahl, Einspritzmenge, Luftfüllung, AGR, Zündwinkel, Saugrohrdruck, Saugrohrtemperatur, Einspritzzeit erster Einspritzung, Kühlwassertemperatur, λ

Unter allen Rohemissionsarten ergibt sich bei den NO_x-Emissionen die beste Korrelation zwischen der Simulation und der Messung (Abbildung 5.24). Aufgrund der Besonderheit der Abgasnachbehandlung für den Magerbetrieb, wird die Simulation mit gemischten Betriebsarten durchgeführt. Die simulierte NO_x-Rohemission trifft die Messung in den meisten Fällen gut, aber an manchen Spitzenwerten sind sie viel größer als die Simulationswerte. Dies liegt daran, dass die während der Kalibrierung zu Grund liegenden stationären Rohemission größeren Einfluss von den stabilisierten Betriebsbedingungen hat, im Vergleich zu den Rohemissionen, die in transienter Messung nur kurzzeitig von den extremen Betriebsbedingungen betroffen wird. Laut [50] ist dies ein typisches Merkmal des KNN-Ansatzes: Je stärker die Betriebsrandbedingungen von der Standardeinstellung abweichen, desto größer ist die Prognoseabweichung. Die gute Übereinstimmung zwischen den gemessenen und simulierten NO_x Werten ist die Voraussetzung für eine funktionierende Regenerationsstrategie des NO_x-Speicherkatalysators in dem anschließenden Abgasnachbehandlungssystem.

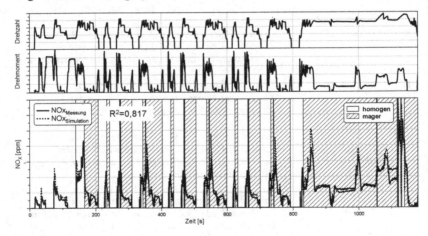

Abbildung 5.24: Vergleich Simulation und Messung der NO_x Emissionen

Da die HC- und CO-Rohemissionen im Magerbetrieb nicht kritisch für das Abgasnachbehandlungssystem sind und sie im Gegenteil zur NO_x-Rohemissionen im Homogenbetrieb höhere Werte aufweisen, wird hier ein Vergleich im Homogenbetrieb dargestellt (Abbildung 5.25). Die Simulationsergebnisse für HC und CO sind im Vergleich zu den NO$_x$ weniger präzis. Die simulierten CO-Werte haben zu den Messwerten immer noch einen Korrelationsbeiwert von 0,786. Die Spitzenwerte in der HC Messung, die 3- bis 4-mal höher als durchschnittliche Emissionswerte ist, führt zu einem geringeren Korrelationsbeiwert von 0,129. Sie treten nur im Moment des Starts oder des Stopps auf und sind von Messung zur Messung nicht reproduzierbar.

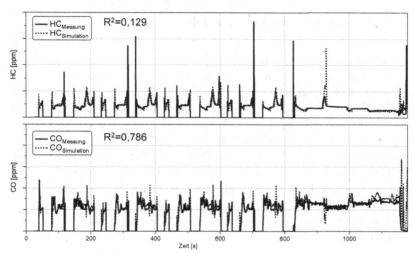

Abbildung 5.25: Vergleich der HC- und CO-Emissionen von Simulation und Messung

Die Partikelemissionen sind zwar ein sehr kritisches Thema bei Ottomotoren mit Direkteinspritzung, jedoch ist die Ruß-Entstehung stark abhängig vom transienten Verhalten. Deshalb ist der Ansatz auf Basis stationärer Messung dafür nicht geeignet.

Der vorgestellte KNN-Ansatz für das Rohemissionsmodell im Gesamtsystem ermöglicht eine Entschärfung des üblichen Rechenkapazität-Genauigkeit-Zielkonflikts in der Emissionssimulation. Die Anpassung des Rohemissionsmodells für verschiedene Betriebsarten vermeidet Generalisierungen bei der Kalibrierung des KNN und erhöht durch die Differenzierung des Emissionsverhaltens die Präzision der Prognose. Die gute Prognosequalität des Roh-

emissionsmodells, vor allem die der NO_x Emissionen, findet Anwendung insbesondere für Ottomotoren mit Magerbetrieb. Im nächsten Kapital ist der
NO_x-Rohemission-Massenstrom einer der wichtigsten Eingänge für die Regenerationsstrategie des Katalysators.

5.5   Abgasnachbehandlungsmodell

Das Abgasnachbehandlungssystem des untersuchten Ottomotors mit Magerbetrieb setzt sich aus den in Abbildung 5.26 dargestellten Bauteilen
zusammen. Ein direkt nach der Abgasturbine motornah montierter Drei-
Wege-Katalysator (TWC, *Three Way Catalyst*) lässt sich schnell aufheizen
(schnelle Erreichung der Light-Off-Temperatur) und kann in der Kalt-
startphase des Fahrzeugs rehtzeitig auf die Schadstoffemissionen reagieren.
Nach dem ersten TWC wird ein Drei-Wege NO_x-Speicherkatalysator
(TWNSC, *Three Way NO_x Storage Catalyst*) plaziert, welcher die NO_x-
Speicherungs- bzw. Regenerationsfunktion unter kalten Bedingungen bewerk-
stelligt. Ein zweiter NO_x-Speicherkatalysator (NSC, *NO_x Storage Catalyst*) im
Unterboden des Fahrzeugs wirkt ergänzend dazu bei hohe Last und hohe
Temperatur.

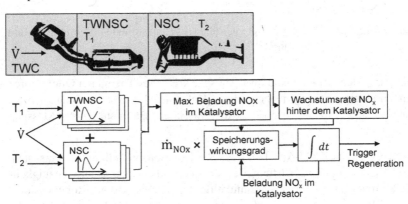

Abbildung 5.26: Aufbau des untersuchten Abgasnachbehandlungssystems
und Arbeitsprinzip der Simulation

Im mageren Betriebszustand werden die überschüssigen NO_x im Speicherkatalysator zuerst zu NO_2 oxidiert und in Form von Nitrat (NO_3) in den Speicherkomponenten im Washcoat des Katalysatorsystems absorbiert. Spätestens wenn die NO_x-Speicherkraft erschöpft ist, erfolgt eine Regenerationsphase mit $\lambda<1$ und das gespeicherte NO_2 lässt sich durch den kurzzeitig fetten Betrieb zu Stickstoff N_2 reduzieren [51].

Hinsichtlich des großen Einflusses des NO_x-Speicherkatalysators auf die Betriebsartenkoordination und λ-Steuerung, wird im Simulationsmodell nur das Speicherungs- und Regenerationsverhalten des NO_x-Speicherkatalysators abgebildet, um den Simulationsablauf zu vereinfachen (siehe Abbildung 5.26). Diese Berechnung ist nur aktiviert, wenn im Magerbetrieb ein bestimmtes λ überschritten wird. Abhängig von den jeweiligen lokalen Temperaturen T_1 und T_2 sowie dem Abgasmassenstroms $\dot{V}$ werden die maximale Beladung der NO_x im Speicherkatalysator und der Wachstumsrate der nicht eingespeicherten NO_x hinter dem Katalysator für den TWNSC und den NSC separat berechnet. Die Ergebnisse für beide Speicherkatalysatoren werden dann aufsummiert und bestimmen zusammen mit der schon vorhandenen Beladung der NO_x in den Katalysatoren den Speicherwirkungsgrad. Der Speicherwirkungsgrad entscheidet über den Anteil der einzuspeichernden NO_x des gesamten NO_x Rohemission-Massenstroms $\dot{m}_{NOx}$. Wenn die Summe der eingespeicherten NO_x die maximale Beladungsgrenze übersteigt, löst ein Trigger die Katalysatorregeneration im Motorsteuergerät. Während der Regerationsphase fordert die Betriebsartenkoordination an, in den Homogenbetrieb umzuschalten. Ein fettes Soll-λ wird an die λ-Koordination gegeben und das Kraftstoffsystem muss die Einspritzmenge entsprechend anpassen. Eine feste Dauer für den Entleerungsvorgang des Speicherkatalysators ist angenommen.

Die Regenerationsstrategie ist nicht ganz vergleichbar mit dem im Fahrzeug eingesetzten Stand, weil viele Sensoren des Abgasnachbehandlungssystems im Simulationsmodell nicht abgebildet sind. Der Regenerationsprozess ist komplizierter, so wird z. B. das Soll-λ je nach Regenerationstiefe und Regenerationsgeschwindigkeit während einer Regeneration reguliert. Das Simulationsmodell kann nur den Rohemissionseinfluss der NO_x durch das Abgasnachbehandlungssystem auf den Motorbetrieb und den Verbrauch qualitativ darstellen und der Vergleich gilt nur für die in dieser Arbeit genutzte Versuchsanordnung.

Die Hauptteile der Streckenmodelle für Verbrennungsmotoren werden bisher erläutert und in den nächsten zwei Kapiteln sind zwei Ausführungen der Betriebsstrategie mit deren Simulationsergebnissen vorzustellen.

6 Simulation mit regelbasierter Betriebsstrategie

6.1 Regelbasierte Betriebsstrategie und Simulationsmethodik

Die Untersuchung für ein Hybridfahrzeug in der frühen Entwicklungsphase lässt sich oft durch einfache Kennfeld-Berechnung durchführen, jedoch gilt der Schluss daraus aufgrund der Komplexität des Fahrzeugsystems nur beschränkt in Praxis. Das Gesamtsystemmodell mit erweitertem Motormodell soll die Abweichung zwischen Simulation und Versuch verringern. Kapitel 5.1 hat die drei Ausführungen der Simulationsmodelle erläutert und die folgenden Rechenergebnisse ergeben sich aus der Gesamtsystemsimulation mit den komplexen Streckenmodellen. Darzustellen sind eine schon im Serienfahrzeug verwendete regelbasierte Betriebsstrategie und eine optimierende Betriebsstrategie ECMS. Zunächst wird in diesem Kapitel eine regelbasierte Betriebsstrategie in NEFZ gezeigt, weil das Fahrprofil mit vielen konstanten Fahrten dazu hilft, den Einfluss der Betriebsstrategie besser darzustellen. Dabei wird als erste Versuchsvariation Hybridfahrzeugen mit oder ohne Magerbetrieb verglichen, um das mögliche verbrauchssparende Potenzial des Magerbetriebs in einem seriennahen Hybriddatenstand zu untersuchen. Da die regelbasierte Betriebsstrategie prinzipiell nur nach vordefinierter Regel an die Fahrleistungsanforderungen und Leistung des Elektromotors orientiert und die Änderung des verbrennungsmotorischen Wirkungsgrads nicht berücksichtigt ist, bleibt die Verteilung der elektrischen und verbrennungsmotorischen Fahrt in allen Variationen gleich. Diese Simulationsrandbedingung ermöglicht einen Vergleich zwischen unterschiedlichen Hubräumen als die zweite Versuchsvariation, weil dadurch der Einfluss vom Hubraumeffekt auf verbrennungsmotorische Betriebsart in Vordergrund steht. Dabei wird erwartet, dass der größere Motor aufgrund der längeren Magerbetriebsdauer Verbrauchsvorteil gegenüber kleinerem Motor aufweist. Kombiniert mit der ersten Variation in der Betriebsarte ergeben sich sechs Simulationsvarianten mit regelbasierter Betriebsstrategie (siehe Tabelle 6.1).

Im Kapitel 7 kommt eine optimierende Betriebsstrategie (ECMS) zum Einsatz und dabei wird das Zusammenspiel zwischen dem verbrennungsmotorischen

© Springer Fachmedien Wiesbaden GmbH, ein Teil von Springer Nature 2019
J. Cheng, *Wirkungsgradoptimales ottomotorisches Konzept für einen Hybridantriebsstrang*, Wissenschaftliche Reihe Fahrzeugtechnik Universität Stuttgart, https://doi.org/10.1007/978-3-658-28144-1_6

Wirkungsgrad und dem gesamten Systemwirkungsgrad untersucht. Wie bei dem ersten Versuch ist die Betriebsart des Verbrennungsmotors der erste zu variierende Faktor und der zweite ist der verwendete Zyklus. Mit der letzten Variation soll herausgearbeitet werden, wie die Fahrleistungsanforderung die optimierte Hybridbetriebsstrategie beeinflusst, bedingt durch den Wirkungsgrad des Verbrennungsmotors.

Tabelle 6.1: Versuchsplan für die Simulation

	1. Versuch		
Betriebsstrategie	regelbasiert		
Simulierter Zyklus	NEFZ		
Variation 1 (Betriebsart)	Ohne Magerbetrieb	Mit Magerbetrieb	
Variation 2 (Hubraum)	2 Liter	2,5 Liter	3 Liter
	2. Versuch		
Betriebsstrategie	Optimierend (ECMS)		
Variation 1 (Betriebsart)	Ohne Magerbetrieb	Mit Magerbetrieb	
Variation 2 (Zyklus)	RTS-95-low	RTS-95-high	

Die Simulation mit regelbasierter Betriebsstrategie benutzt die direkt aus der Steuergerätesoftware extrahierten Funktionen. Im Fahrzeug werden die für die Betriebsstrategie relevanten Funktionen je nach Fahrzeugmodell in der CPC (*Central Powertrain Controller*) oder im Motorsteuergerät untergebracht. Das Vorgehen der Implementierung der Betriebsstrategie ist analog zu dem der ECU-Funktionen (siehe Kapitel 5.2). Der umgesetzte Stand der Funktionen entspricht einem Entwicklungsstand des 2015 in Serie gebrachten Hybridfahrzeugs Mercedes-Benz C350e [43].

Eine beispielhafte Darstellung der regelbasierten Betriebsstrategie wird in Abbildung 6.1 dargestellt [10]. Die Betriebsmodi des Antriebs sind wesentlich von dem gesamten angeforderten Antriebsmoment und von der Fahrzeuggeschwindigkeit abhängig. Darüber hinaus spielt der Ladezustand SOC der Batterie bei der Entscheidung eine wichtige Rolle. Wenn der Ladezustand SOC beispielsweise niedriger ist, wird der Bereich der E-Fahrt kleiner. Dementsprechend vergrößert sich der Bereich der Lastpunktanhebung und der verbrennungsmotorischen Fahrt.

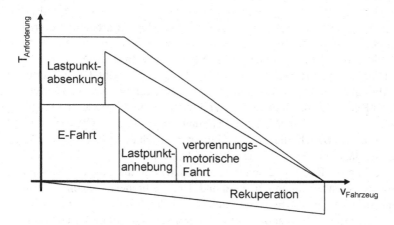

Abbildung 6.1: Beispiel einer regelbasierten Hybridbetriebsstrategie [10].

Die vorhandene Betriebsstrategie zielt auf eine bestmögliche Kombination von niedrigem Verbrauch und Einhaltung von Emissionsgrenzen ohne Beeinträchtigung der Fahrbarkeit.

Um die Vergleichbarkeit der Simulationsergebnisse hinsichtlich Verbrauch und Emission zu gewährleisten, muss der Ladezustand am Ende des Simulationszeitraums dem zu Beginn gleichen. Dies wurde durch iterative Variation des Start-Ladezustands bewerkstelligt. Im eingesetzten Zyklus NEFZ ist eine durch Optimierungsrechnung erzielte Betriebsstrategie auf Grund der festen Beschleunigung-, Konstantfahrt- und Verzögerungsphasen leicht regelbasiert umzusetzen.

Im folgenden Kapitel 6.2 steht der Vergleich von zwei Varianten eines Verbrennungsmotors: einem stöchiometrisch betriebenen Ottomotor und einem gleich konstruierten Ottomotor jedoch mit zusätzlichem Magerbetrieb. Dabei soll das Verbrauchspotenzial des Magerbetriebs im Hybridantriebsstrang bewertet werden. Auf der Basis sind noch die Hubräume des Motors zu variieren und der Verbrauchseinfluss des Magerbetriebs in Kombination mit Hubraumänderungen zu untersuchen.

Der Magerbetrieb kann den Drosselverlust im niedrigen Teillastbereich des Verbrennungsmotors maßgeblich reduzieren (siehe Kapitel 2.1). Nach Gl. 6.1 ist der Hubraum (V_H) umgekehrt proportional zum effektiven Mitteldruck (p_{me}). D. h. für gleiche Drehmoment Abgabe benötigt ein größerer Verbrennungsmotor weniger p_{me}. Beim stöchiometrischen Ottomotor führt ein niedrigerer Mitteldruck oft zu einer Wirkungsgradverschlechterung, weil die Drosselklappe die Last regelt und die Lastsenkung zu mehr Drosselverlust führt. Abbildung 6.2 links stellt qualitativ die Bewegungsspur des Betriebspunkts im Kennfeld vom spezifischen Verbrauch dar und je heller die Hintergrundfarbe ist, desto höher ist der Wirkungsgrad. Für den Ottomotor mit Magerbetrieb ermöglicht die gleiche Änderung jedoch den Eintritt in den entdrosselten Magerbetrieb, weil die Drosselklappe im z. B. SCH-Betrieb die meiste Zeit ganz offen bleibt und die Einspritzmenge die Last regelt, wobei der Drosselverlust erheblich reduziert sind. Der Verbrauchsnachteil des Verbrennungsmotors mit größerem Hubraum wird dadurch zum Teil kompensiert. Wie weit sich dieser Hubraumeffekt des Verbrennungsmotors im Hybridantriebsstrang auswirkt, wird in diesem Abschnitt untersucht.

$$p_{me} = \frac{4 \cdot \pi \cdot T}{V_H} \qquad\qquad \text{Gl. 6.1}$$

Um die Verbrennungsmotoren auf eine vergleichbare Basis zu stellen, werden die Hub-/Bohrungs- und Verdichtungsverhältnisse für alle Simulationsvarianten gleich gehalten. Laut der Stripmessung eines Komplettmotors in [18] hat das Hubvolumen oberhalb von 1,5 Litern kaum einen Einfluss auf das Niveau des Reibmitteldrucks (p_{mr}). Demzufolge wird für den Vergleich in dieser Arbeit das gleiche p_{mr}-Kennfeld untergestellt. Die Motorapplikation für die Varianten mit größeren Hubräumen wird ebenfalls nicht angepasst, da die Vergrößerung des Hubraums für die gleiche Lastanforderung im NEFZ mit niedriger Last nicht zwangsläufig zu Effekten wie beispielsweise Klopfen oder erhöhten Schadstoffemissionen führt. Die Streckenmodelle des Verbrennungsmotors im Gesamtsystemmodell und deren Schnittstelle rechnen größtenteils mit Hubraum-unabhängigen Werten wie z. B. Mitteldruck, normiertem Moment und relativer Füllung statt Luftmasse. Diese Parameter-Struktur erleichtert die Skalierung der Hubraumvarianten.

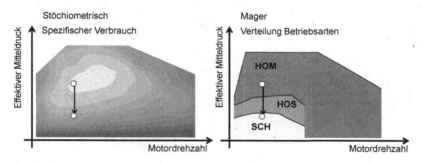

Abbildung 6.2: Vergleich der Lastpunktverschiebung von zwei verschiedenen Verbrennungsmotoren

6.2 Verbrauchseinfluss des Brennverfahrens und Hubraums

Im ersten Vergleich zwischen stöchiometrisch betriebenem Ottomotor und dem Ottomotor mit dem Magerbetrieb in verschiedenen Hubraumklassen wird die regelbasierte Betriebsstrategie von der Basisvariante (2,0 Liter Ottomotor) vorerst unverändert auf die anderen Varianten übertragen. In Abbildung 6.3 markieren die grau hinterlegen Zeitbereiche verbrennungsmotorischen Betrieb. Konstantfahrten bis einschließlich 50km/h werden elektrisch gefahren, Beschleunigungen und Konstantfahrten höherer Geschwindigkeit verbrennungsmotorisch. Insgesamt wird im NEFZ ein großer Anteil des Teillastbetriebs elektrisch gefahren, was zu einer deutlichen Verkürzung der Betriebszeit des Verbrennungsmotors führt. Die verbleibenden Betriebsphasen des Verbrennungsmotors sind mit hoher Leistungsanforderung, die eine Aktivierung des Magerbetriebs und dessen Verbrauchsersparnis einschränkt. Trotzdem ergibt sich eine Senkung des Gesamtverbrauchs von 4 % durch den Einsatz des Magerbetriebs.

Für die Untersuchung des Hubraumeinflusses werden mit der Methodik aus Kapitel 4.1 zwei Varianten mit größeren Hubräumen (3 L und 3,5 L) abgeleitet. Abbildung 6.4 stellt die unterschiedlichen verbrennungsmotorischen Betriebsstrategien der drei Hubraumvarianten dar. Wie erwartet steigt die Betriebszeit des Magerbetriebs mit größerem Hubraum. Der verlängerte Magerbetrieb führt zu einer größeren Einsparung gegenüber dem Hybridantriebsstrang mit stöchiometrischem Verbrennungsmotor bei jeweils gleichem Hubraum.

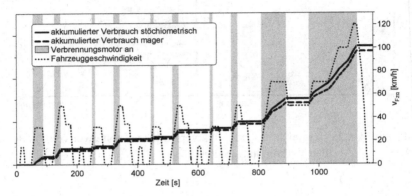

Abbildung 6.3: Motorbetriebszeiten und akkumulierte Verbräuche zweier Ottomotoren im NEFZ

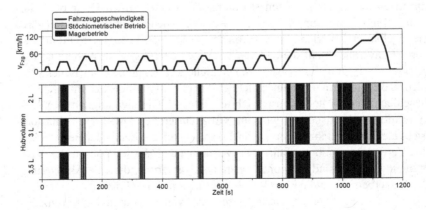

Abbildung 6.4: Verbrennungsmotorischer Betrieb der Ottomotoren mit drei Hubraumvarianten

Abbildung 6.5 zeigt eine Gegenüberstellung des Kraftstoffverbrauchs der Simulationsvarianten mit verschiedenen Brennverfahren und Hubraumgrößen. Der Verbrauchsnachteil des größeren Hubraums überwiegt dabei den Verbrauchsvorteil durch die verlängerte magere Betriebszeit. Der Magerbetrieb kompensiert somit die Verschlechterung des Wirkungsgrads im Teillastbereich eines größeren Ottomotors nur zum Teil. Ein Verbrennungsmotor mit 3,0 Liter Hubraum und Magerbetrieb erzielt im NEFZ einen vergleichbaren Verbrauch wie ein 2,0 Liter stöchiometrisch betriebener Verbrennungsmotor, während dieser in der realen Fahrt den Kunden bessere Fahrleistungen zu bieten hat. Hierbei ist allerdings folgendes zu beachten:

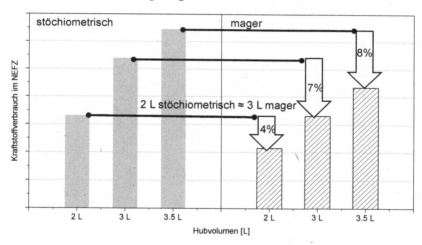

Abbildung 6.5: Verbrauchsvergleich im NEFZ der betrachteten Hubraum- und Motorvarianten

Die für alle Varianten übernommene Betriebsstrategie des 2,0 Liter Ottomotors ist auf eben diesen ideal abgestimmt, und kann somit als nahezu verbrauchsoptimal angesehen werden Wie aus Abbildung 6.4 ersichtlich ist, hat das eingesetzte Brennverfahren oder Hubraum in dieser Betrachtung keinen Einfluss auf das Verhältnis der verbrennungsmotorischen/elektrischen Betriebsweise der regelbasierten Hybridbetriebsstrategie. Das bedeutet, dass bei den anderen Varianten die Erhöhung des verbrennungsmotorischen Wirkungsgrads den zeitlichen Anteil des verbrennungsmotorischen Antriebs nicht erweitert, obwohl dies im Vergleich zum elektrischen Antrieb effizienter sein könnte. Somit könnte einerseits der Verbrauch des 3,0 Liter Magermotors sogar noch unter dem der Basisvariante liegen, andererseits könnten die Verbrauchspotenziale des Magermotors gegenüber der stöchiometrischen Motorvariante mit jeweils gleichem Hubraum geringer ausfallen. Um auch für den Magermotor eine verbrauchsoptimale Strategie zu ermitteln, wird im nächsten Kapitel ein Optimierungsverfahren für die Hybridbetriebsstrategie verwendet.

7 Simulation mit optimierender Betriebsstrategie

7.1 Theoretische Grundlage des Optimierungsansatzes

Wie in Kapitel 2.2.3 erläutert, kommen kausale oder nicht-kausale Optimierungsansätze zum Einsatz, je nachdem ob die Streckeninformation in der Zukunft verfügbar ist. Kausale Optimierungsansätze sind auch als Online-Optimierung, nicht-kausalen Optimierungsansätze als Offline-Optimierung bekannt. Die Online-Optimierung findet oft in der Praxis Anwendung. Sie benötigt keine oder wenige Informationen über die zukünftige Strecke. Die Offline-Optimierung hat Information a priori über die komplette Strecke, die befahren wird. Sie dient meistens dem Ziel, eine bestimmte Fahrzeugkonfiguration unter vergleichbaren Bedingungen als einen Richtwert zu bewerten. Daher ist es zielführend Offline-Optimierungen durchzuführen, die bedingt durch die Vorhersehbarkeit der Simulationsfahrzyklen im Gegensatz zu der Online-Optimierung global optimale Lösungen findet.

DP ist zwar eine gängige Methodik für die Offline-Optimierung, jedoch steigt der Aufwand der Berechnung exponentiell mit der Anzahl der Zustandsgrößen des Simulationsmodells [27]. Außerdem ist die Komplexität des Simulationsmodells in dieser Arbeit auch nicht für die Rückwärtsberechnung geeignet. Infolgedessen wird ECMS als Optimierungsansatz hier angewendet.

Im Rahmen einer Offline-Optimierung muss einem Fahrgeschwindigkeitsprofil $v(t)$ von einer Zeit t_0 bis t_{Ende} gefolgt werden. Während der Fahrt verfügt der P2 Hybridantriebsstrang über einen Freiheitsgrad der Drehmomentaufspaltung u an der Kupplung:

$$u = \frac{T_{EM}}{T_{ges}} = \frac{T_{EM}}{T_{VM} + T_{EM}}$$

Gl. 7.1

T_{ges} ist das gesamte angeforderte Drehmoment am Getriebeeingang. T_{EM} und T_{VM} sind die Drehmomente, die jeweils von dem Verbrennungsmotor und der

© Springer Fachmedien Wiesbaden GmbH, ein Teil von Springer Nature 2019
J. Cheng, *Wirkungsgradoptimales ottomotorisches Konzept für einen Hybridantriebsstrang*, Wissenschaftliche Reihe Fahrzeugtechnik Universität Stuttgart, https://doi.org/10.1007/978-3-658-28144-1_7

Elektromaschine abgegeben werden. Die verschiedenen Betriebsmodi lassen sich mit der Steuergröße der Hybridbetriebsstrategie u beschreiben [10]:

■ elektrische Fahrt (u=1);

■ verbrennungsmotorische Fahrt ohne Lastpunktverschiebung (u=0);

■ Ablasten des Verbrennungsmotors durch Lastpunktverschiebung oder Boost durch die Elektromaschine (0<u<1);

■ Auflasten des Verbrennungsmotors durch Lastpunktverschiebung, um die Batterie aufzuladen (u<0).

Das Ziel oder der Gesamtkostenindex J einer verbrauchsoptimalen Betriebsstrategie für Hybridfahrzeuge lässt sich mit der Gl. 7.2 als akkumuliertem Kraftstoffverbrauch $\int_{t_0}^{t_{Ende}} \dot{m}_f$ über die ganze Fahrstrecke beschreiben. Der momentane Kraftstoffverbrauch $\dot{m}_f$ ist von der Fahrzeuggeschwindigkeit $v(t)$ und anderen Zustandsgrößen $u(t)$ abhängig. Wenn die Schadstoffemissionen $\dot{m}_{Abgase}$ bzw. andere Ansprüche $X_{Sonstige}$ an z. B. die Agilität und den Komfort weiter bei der Optimierung als Ziel verfolgt werden sollen, lässt sich Gl. 7.2 mit den entsprechenden Gewichtungsfaktoren a um diverse Terme erweitern (L als die zusammengefassten Optimierungsobjekte in Gl. 7.3) [10].

$$J = \int_{t_0}^{t_{Ende}} [\dot{m}_f(v(t), u(t))]\, dt \qquad\qquad \text{Gl. 7.2}$$

$$J = \int_{t_0}^{t_{Ende}} [\dot{m}_f(v(t), u(t)) + a_{Abgase}\dot{m}_{Abgase}(v(t), u(t))$$
$$+ a_{Sonstige}X_{Sonstige}(v(t), u(t))]\, dt \qquad\qquad \text{Gl. 7.3}$$
$$= \int_{t_0}^{t_{Ende}} [L(v(t), u(t))]\, dt$$

a) Zustandsgrößen des Systems

Während einer transienten Fahrt ist das Fahrzeug ein dynamisches System, dass sich durch variierende mechanische, thermodynamische, sowie elektronische und elektrochemische Fahrzeugzustandsgrößen beschreiben lässt (siehe Gl. 7.4). Im Rahmen des Energiemanagements wird das System oft quasi-statisch betrachtet. Die rechnerisch berücksichtigten Zustandsgrößen des Hybridantriebsstrangs lassen sich bis auf die integrale Zustandsgröße SOC reduzieren [10]. Temperaturen von beispielsweise Verbrennungsmotor, Abgasanlage und Batterie haben zwar auch Einfluss auf das Optimierungsziel Verbrauch, solange die Temperaturen in einem bestimmten Bereich bleiben, sind ihre Einflüsse aber geringfügig. Infolge dessen werden sie öfter mit direkten Beschränkungen in dem Simulationsalgorithmus abgebildet, anstatt die Temperatur als eine Zustandsgröße in der Systemoptimierung mit zu berücksichtigen.

$$\dot{x}(t) = f(v(t), u(t), x(t)) \qquad \text{Gl. 7.4}$$

x: die Fahrzeugzustandsgrößen während der Fahrt. In diesem Fall ist die Zustandsgröße der Batterieladezustand SOC und seine Ableitung $\dot{x}$ die Änderung der SOC.

Je nach Konfiguration des Hybridantriebsstrangs wird diese Zustandsgröße verschiedenen Einschränkungen des Verlaufs ausgesetzt. Ein Plug-In-Hybridfahrzeug kann anders als ein autarker Hybrid auch extern geladen werden. Außerdem ist die normalerweise größere Batterie für längere rein elektrische Fahrt ausgelegt. Daher kann neben der Betrachtung von einem ausgeglichenen Anfangsladezustand ($x(t_0)$) und Endladezustand ($x(t_{Ende})$) auch die Betrachtung von einem deutlichen Unterschied zwischen diesen Ladezuständen von Relevanz sein. Um den unterschiedlichen Anforderungen an die Anfangs- und Endladezuständen gerecht zu werden, wird eine zusätzlichen Straffunktion φ in dem Gesamtkostenindex in Gl. 7.5 eingeführt:

$$J = \varphi(x(t_{Ende})) + \int_{t_0}^{t_{Ende}} [L(v(t), u(t))] \, dt \qquad \text{Gl. 7.5}$$

Es kann unterschieden werden zwischen einer weichen Beschränkung, z. B. wird die Abweichung $x(t_{Ende})$ von dem gezielten x-Wert (x_{Ziel}) bestraft und einer harten Beschränkung, z. B. der Ende-SOC ($x(t_{Ende})$) muss gleich wie der Anfang-SOC ($x(t_0)$) sein. Hinsichtlich der Offline-Optimierung wird eine harte SOC Beschränkung eingeführt. Somit dürfen die Gesamtkraftstoffverbräuche verschiedener Fahrzeugkonfigurationen direkt miteinander verglichen werden ohne die verbrauchte elektrische Energie in der Batterie berücksichtigen zu müssen. Eine Straffunktion für harte SOC-Beschränkung lässt sich in Gl. 7.6 darstellen [10].

$$\varphi(x(t_{Ende})) = \begin{cases} 0, x(t_{Ende}) = x_{Ziel} \\ \infty, x(t_{Ende}) \neq x_{Ziel} \end{cases} \qquad \text{Gl. 7.6}$$

Analog zum Ladezustand SOC ist es auch möglich eine Straffunktion für die thermischen Betriebsbedingungen des Fahrzeugs einzuführen. Vor allem aufgrund der Schadstoffemissionen ist es wichtig, die Betriebstemperatur z. B. vor dem Katalysator innerhalb einem bestimmten Bereich zu halten.

b) Das Minimumprinzip

Das Minimum der Gl. 7.7 kann zwar direkt durch die numerische Methodik gelöst werden, jedoch mit großem Rechenaufwand. Eine effektive Alternative ist eine analytische Methodik anzuwenden durch die Einführung einer Hamiltonischen Funktion H. Die Hamiltonische Funktion wird ursprünglich zu dynamischer Beschreibung des mechanischen Systems benutzt und weist Ähnlichkeit mit der Lagrange-Funktion aus der statischen Optimierung auf [52].

$$H\left(x(t), u(t), \lambda(t), t\right) = L(x(t), u(t), t) + \lambda(t) \cdot f(x(t), u(t), t) \qquad \text{Gl. 7.7}$$

$\lambda(t)$ ist der Lagrange-Multiplikator, auch als der Kozustand oder die adjungierte Variable bekannt. In der Simulation wird das Minimum der Hamiltonischen Funktion in jedem zeitlichen Schritt gesucht. Anhand des in Gl. 7.4 angegebenen Zusammenhangs zwischen der Zustandsgröße und dem System lässt sich $\lambda(t)$ durch die folgende Euler-Lagrange-Gleichung beschreiben.

$$\dot{\lambda}(t) = -\frac{\partial}{\partial x} f(x(t), u(t), t) \qquad \text{Gl. 7.8}$$

Das Batteriesystem des hier zugrunde gelegten Plug-In-Hybridfahrzeugs erlaubt die Annahme, dass die Änderung des SOC in geringen Bereichen keinen Einfluss auf interne Parameter der Batterie, z. B. den Innenwiderstand oder die Leerlaufspannung ausübt [27]. Mittels dieser Vereinfachung aus der Euler-Lagrange-Gleichung 7.8 wird die Gl. 7.9 hergeleitet.

$$\dot{\lambda}(t) = 0 \qquad \text{Gl. 7.9}$$

Das heißt, der Kozustandskoeffizient bleibt während einer kompletten optimalen Trajektorie konstant. Das zu lösende Problem beschränkt sich daher darauf, eine Konstante λ_0 für die Fahrstrecke zu suchen.

7.2   Implementierung der ECMS ins Simulationsmodell

Die ECMS ist eine von dem Minimumprinzip abgeleitete Optimierungsstrate-
gie und kann sowohl für die Online- als auch für die Offline-Optimierung eingesetzt werden. Mit der Annahme, dass die internen Parameter der Batterie
sich mit dem Batterieladezustand nicht ändern, lässt sich die Hamiltonische
Funktion Gl. 7.7 im Simulationsumfang der Verbrauchsoptimierung des Hybridfahrzeugs in der folgenden Leistungsform P_H darstellen [40].

$$P_H\big(t, u(t), s(t)\big) = P_{Krst}\big(v(t), u(t)\big) + s_0 P_{ele}\,(v(t), u(t)) \qquad \text{Gl. 7.10}$$

Der äquivalente Faktor s_0 konvertiert in der ECMS die elektrische Leistung
P_{ele} in eine äquivalente Leistung des Kraftstoffs und bildet zusammen mit der
tatsächlich verbrauchten Leistung des Kraftstoffs P_{Krst} die Hamiltonische Leistung P_H. Hier muss betont werden, dass P_{Krst} die bei der Verbrennung maximal
nutzbare Wärmeleistung des Kraftstoffs darstellt und diese nicht mit der vom
Verbrennungsmotor abgegebenen mechanischen Leistung zu verwechseln ist.
Der äquivalente Faktor s_0 hat folgenden Zusammenhang mit dem Kozustand
λ_0:

$$S_0 = -\lambda_0 \cdot \frac{H_u}{U_o \cdot Q_0} \qquad \text{Gl. 7.11}$$

H_u ist der untere Heizwert und stellt die im Kraftstoff enthaltende maximal
nutzbare Wärmeenergie dar (ohne Kondensation des Wasserdampfers im Abgas). U_0 und Q_0 sind die Leerlaufspannung und die Batteriekapazität. Der äquivalente Faktor s_0 ermöglicht es, den Verlauf des Batterieladezustands SOC zu
steuern und die verbrauchte elektrische Energie in der Optimierung zu berücksichtigen.

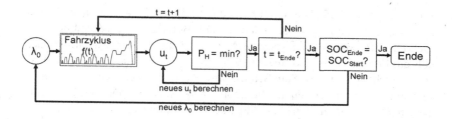

Abbildung 7.1: Flussdiagramm einer Offline-Optimierung mittels ECMS

Die Berechnung einer verbrauchsoptimalen Trajektorie für eine Fahrstrecke erfolgt nach dem Flussdiagramm in Abbildung 7.1. Es setzt sich zusammen aus den folgenden drei Schleifen [53], [10]:

■ u-Schleife, um die optimale Leistungsverteilung zwischen Verbrennungsmotor und Elektromotor in einem diskreten Zeitschritt zu ermitteln;

■ t-Schleife, um die Fahrtstrecke zu absolvieren;

■ λ-Schleife, um einen ausgeglichenen Batterieladezustand im Ende der Fahrt zu erzielen.

In der u-Schleife wird anfangs angenommen, dass der Verbrennungsmotor im Betrieb ist. In einem Zeitschritt sind die Motordrehzahl sowie die Drehzahl am Getriebeeingang gegeben. Das Drehmoment des Verbrennungsmotors T_{VM}=$T_{ges}(1-u)$ soll die in Gl. 7.12 angegebenen Randbedingungen erfüllen.

$$\max(T_{VM\_min}, T_{ges} - T_{EM\_max}) \leq T_{VM}$$
$$\leq \min(T_{VM\_max}, T_{ges} - T_{EM\_min})$$

Gl. 7.12

Ein optimales Verteilungsverhältnis u wird im Suchraum durch eine ‚Shooting' Methode ermittelt. Erstens werden zwei beliebige u-Werte innerhalb dieser Begrenzung gewählt. Abbildung 7.2 veranschaulicht, wie P_{Krst} und P_{ele} in den entsprechenden Kennfeldern abgelesen werden. Dadurch lässt sich der P_H Wert anhand eines gegebenen λ_0 in der Gl. 7.10 bewerten. Gemäß den P_H Ergebnissen wird der nächste u-Wert durch Interpolation ermittelt und führt zu einem optimaleren P_H. Die Iteration wird fortgeführt bis das minimale P_H und der entsprechende u-Wert gefunden ist. Die Berechnung der Iteration wird auch beendet, wenn eine bestimmte Anzahl von Iterationen erreicht ist oder falls das Ergebnis aufgrund einer ungünstigen Diskretisierung im Simulationsmodell nicht konvergiert. Zum Schluss wird P_H für den Fall elektrischer Fahrt berechnet, und mit dem P_H aus Iteration für hybridische Fahrt verglichen. In diesem Schritt ist der Betriebsmodus des Hybridfahrzeugs des letzten Zeitschritts auch zu berücksichtigen, um häufiges Starten des Verbrennungsmotors zu vermeiden.

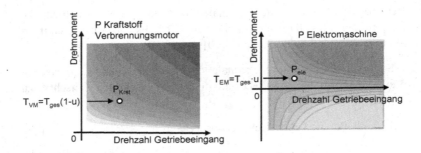

Abbildung 7.2: schematische Darstellung von P_{Krst} und P_{ele} in Abhängigkeit des Verteilungsfaktors u

Eine direkte Implementierung des ECMS-Algorithmus mit der u-Schleife in das komplexe Simulationsmodell benötigt lange Rechenzeit. Die Simulation hier benutzt ein drei-Schritte-Verfahren, so dass die meisten Iterationsschleifen in zwei separaten, vereinfachten Simulationsmodellen durchgeführt werden können:

■ Zuerst wird mit Hilfe eines Vorberechnungsmodells, welches nur die u-Schleife der ECMS, das stationäre Verbrauchskennfeld, und das Leistungskennfeld des Elektromotors enthält, eine ‚Cost-to-go-Matrix' berechnet. Das Modell berechnet ein drei-dimensionales Kennfeld, um für jede Drehzahl-Drehmoment-λ Kombination eine optimale Drehmomentverteilung zu ermitteln. Die dadurch entstandene Cost-to-go-Matrix wird direkt in jedem Simulationsschritt eingesetzt, um für die jeweilige Betriebsanforderung (feste Drehzahl und Drehmomentanforderung) eine optimale Momentverteilung zu ermitteln, ohne die u-Schleife noch berechnen zu müssen. Abbildung 7.3 stellt ein Beispiel für eine Cost-to-go-Matrix bei einer Drehzahl von 1200 min^{-1} dar. Die x-Achse ist die Momentanforderung des Antriebsstrangs (T_{ges}). Auf der y-Achse ist für diesen Betriebspunkt die optimale Momentverteilung am Elektromotor (T_{EM}) aufgetragen. Mit einem kleinen λ_0 von 1,5 fährt das Fahrzeug bis 240 Nm Drehmomentanforderung rein elektrisch. Bei höheren Anforderungen wird der Verbrennungsmotor gestartet und mittels Lastpunktverschiebung durch den Elektromotor abgelastet. Dieses Verhalten deutet darauf hin, dass die elektrische Energie durch den äquivalenten Faktor als sehr ‚günstig' angesehen werden kann. Als ein extremes Gegenteil dazu, wird die elektrische Energie im Fall λ_0=3,5 so gespart, dass bei negativer Momentanforderung der Verbrennungsmotor auch laufen muss um die Ladeleistung des Elektromotors noch zu erhöhen.

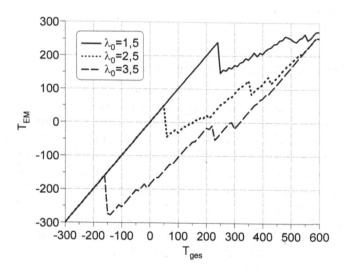

Abbildung 7.3: Beispiel einer Cost-to-Go-Matrix bei 1200 min^{-1}

■ Anschließend ist λ_0 durch ein leicht vereinfachtes Fahrzeugmodell zu ermitteln. Seine Teilmodelle für den Verbrennungsmotor und für die Rohemissionen werden durch stationäre Kennfelder ersetzt.

■ Im letzten Schritt sind die durch die vereinfachten Modelle ermittelte Cost-to-go-Matrix und λ_0 im komplexen Zielmodell anzuwenden, um die endgültigen Verbrauchs- und Rohemissionsaussagen zu erhalten. Jedoch führt das im zweiten Schritt ermittelte λ_0 hier oft zu einer geringfügigen SOC-Abweichung, welche mit den Unterschieden des Modellaufbaus zu begründen ist. Die Vereinfachung der Momentgenerierung, die Vernachlässigung der Temperaturverläufe des Verbrennungsmotors und der Abgasnachbehandlung [54] tragen dazu bei. Es gibt vielfältige Untersuchungen bezüglich der Methodik zur Korrektur der SOC-Abweichung am Ende der Fahrt ohne zusätzliche Iterationen. So zum Beispiel die Einführung eines äquivalenten Kraftstoffverbrauchs als Summe des tatsächlich verbrauchten Kraftstoffs und einer gewichteten verbrauchten elektrischen Energie in der Online-Optimierung [55], [56]. Allerdings wird hier eine weitere Schleife in letztem Schritt iterativ berechnet bis die SOC ausgeglichen sind.

7.3   Ermittlung und Analyse verschiedener Motorkonzepte

Die Qualifikation des NEFZ und das dazugehörige Testverfahren als Zertifizierungsstandard werden zunehmend kritisch diskutiert. Laut einer Veröffentlichung *International Council on Clean Transportation* (ICCT), stieg die Kluft zwischen realer Fahrt und zertifizierten CO_2 Emissionen von ca. 8 % in 2001 auf 40 % in 2014, wobei die Hälfte der Abweichung im unrealistischen Zertifizierungsfahrzyklus zu begründen sei [57]. Als eine Lösung zur Reduktion dieser Diskrepanz hat die europäische Union entschieden RDE-Tests (*Real Driving Emission*) als Teil des Zertifizierungsverfahrens einzuführen. In einem RDE-Test werden CO_2- sowie Schadstoffemissionen in realer Fahrt auf der Straße mittels einem mobilen Emissionsmessgerät (*Portable Emission Measuring System*, PEMS) vermessen.

Verschiedene nicht standardisierte Testzyklen und Verfahren, wie z. B. die Artemis-Zyklen, RTS-95 (*random test sequence* 95 %) und TNO randomcycle Generator, dienen dazu, die Fahrzeuge unter RDE-tauglichen Bedingungen auf dem Prüfstand oder in der Simulation zu untersuchen. Für die Simulation werden zwei RTS-95 Zyklen (Abbildung 7.4) mit jeweils höherer (RTS-95-high) und niedriger Dynamik (RTS-95-low) angewendet. Die beiden

Fahrzyklen sind zusammengestellt aus Fahrtabschnitten des WLTCs. Der RTS-95-high Fahrzyklus wird von vielen europäischen Komponenten- und Fahrzeugherstellern zum Zweck der RDE-Simulation benutzt [58], wobei der RTS-95-high ein sehr aggressives Fahrprofil darstellt. Dabei legt das Fahrzeug eine Fahrstrecke von 13 km in 886 s zurück und hat eine maximale Beschleunigung von 2,88 m/s². Somit dient der RTS-95-high dazu, den „Worst Case" realer Fahrt einzuschätzen. Der RTS-95-low besitzt dagegen ein gemäßigtes Fahrprofil. Eine Gegenüberstellung (Abbildung 7.5) der Fahrzyklen RTS-95-high, RTS-95-low und NEFZ mit gleichem Getriebeschaltprogramm zeigt, dass die Fahrleistungsanforderungen im NEFZ verglichen mit den anderen zwei Fahrzyklen ein deutlich geringes Niveau aufweist.

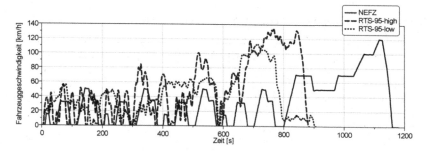

Abbildung 7.4: die Geschwindigkeitsprofile NEFZ, RTS-95-high/low

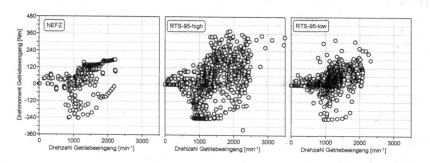

Abbildung 7.5: Verteilung der Betriebspunkte in drei Fahrzyklen

Im Folgenden werden die Zyklen RTS-95-high und RTS-95-low jeweils in Kombination mit einem stöchiometrischen und mager betriebenen Ottomotor simulativ bewertet. Da in diesen vier Simulationsvarianten die SOC-Zustände am Anfang und am Ende jeweils auszugleichen sind, weist jede Variante verschiedene λ_0 Werte auf (siehe Tabelle 7.1). Im RTS-95-high ist aufgrund der hohen Dynamik viel Bremsenergie für die Rekuperation vorhanden. Sowohl die gesamte Bremsenergie als auch die Bremsenergie pro Kilometer sind mindestens dreimal so hoch wie die Bremsenergie im RTS-95-low. Dies deutet auf mehr verfügbare elektrische Energie im RTS-95-high. Wie in Abbildung 7.3 in Kapitel 7.2 erläutert, beschreibt λ_0 das äquivalente Verhältnis von der elektrischen Fahrleistung zur verbrennungsmotorischen Leistung in der Kostenfunktion. Dementsprechend sollte λ_0 im RTS-95-high kleiner sein als im RTS-95-low.

Tabelle 7.1: λ_0 in verschiedenen Simulationsvarianten

	RTS-95-high	RTS-95-low
Stöchiometrisch	2,58	2.71
Mager	2,53	2,57

Die SOC-Verläufe in Abbildung 7.6 veranschaulichen die Nutzung der elektrischen Energie während der Fahrt. Die beiden Zyklen haben zwischen 700 s und 900 s ein starkes Bremsmanöver, wobei der SOC deutlich ansteigt. Der SOC-Verlauf im RTS-95-high ist deutlich dynamischer, was auf eine aktive Nutzung des elektrischen Antriebs durch die elektrische Fahrt und Lastpunktabsenkung, sowie mehr Rekuperation und Lastpunktanhebung bedeutet. Der Einblick in die Unterschiede der zwei Fahrzyklen hilft beim Verständnis in der Untersuchung.

In den SOC-Verläufen sind gleichzeitig auch die Einflüsse der Verbrennungsmotoren zu sehen. Im gleichen Fahrzyklus folgen die SOC-Verläufe der beiden Verbrennungsmotorarten zum großen Teil einer ähnlichen Trajektorie. Die stärkste Abweichung in der Fahrt liegt zwischen 300 s und 450 s. Der Vergleich weist ein klares Muster auf, wobei die Batterie des Fahrzeugs mit stöchiometrisch betriebenem Ottomotor in beiden Zyklen mehr entladen wird als die Batterie im anderen Fahrzeug. Da die beiden Fahrzeuge bedingt durch das gleiche Fahrprofil und den Fahrwiederstand die gleiche Menge elektrischer Energie beim Rekuperieren zurückgewinnen können, muss für den ausgeglichen SOC ein Teil dieser mehr verbrauchten elektrischen Energie durch Auflasten des Verbrennungsmotors zur Verfügung gestellt werden. Die folgenden Abschnitte über die Unterschiede der Hybridbetriebsstrategie der beiden Motorenvarianten geben einen tieferen Einblick in die Aufteilung und die Nutzung der elektrischen Energie.

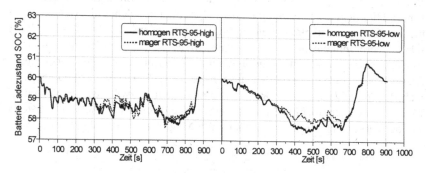

Abbildung 7.6: SOC-Verläufe der vier Simulationsvarianten

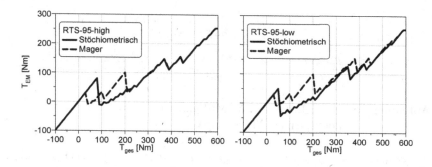

Abbildung 7.7: Vergleich Cost to Go (1200 min^{-1})

Analog zu Abbildung 7.3 zeigt Abbildung 7.7 einen Vergleich von den optimierten Strategien für Lastpunktverteilung bei der Motordrehzahl 1200 min^{-1}. Wenn $T_{ges} = T_{EM}$, übernimmt der Elektromotor die gesamte Momentanforderungen und das Fahrzeug fährt elektrisch. In beiden betrachteten Fällen fährt

das Fahrzeug mit stöchiometrisch betriebenem Verbrennungsmotor (durchgezogene Linie), im Vergleich zur mager Variante (Strichlinie) bis höheren Momentanforderungen rein elektrisch, nämlich 80 Nm im RTS-95-high und
50 Nm im RTS-95-low. Das bei höheren Anforderungen ins Negative abfal-
lende EM-Moment bedeutet den Übergang von reiner E-Fahrt zur hybridischen Fahrt mit Auflastung des Verbrennungsmotors.

Beim Magerkonzept ergibt sich dagegen eine andere Strategie (gestrichelte
Linie): Hier liegt die Grenze optimaler E-Fahrt bei deutlicher niedrigerer Momentanforderung (30 Nm in beiden Zyklen). Im Gegensatz zum stöchiometrischen Verbrennungsmotor wird beim Magerkonzept kaum aufgelastet,
sondern schon bei wesentlich geringeren Anforderungsmomenten abgelastet.
Dieser Unterschied ist besonders ausgeprägt im RTS-95-low (Abbildung 7.7
rechts). Vor allem bei der Drehmomentanforderung zwischen 50 Nm und
150 Nm, wird der stöchiometrische Verbrennungsmotor lediglich aufgelastet
und der wirkungsgradoptimalere Motor mit Magerbetrieb nur abgelastet.

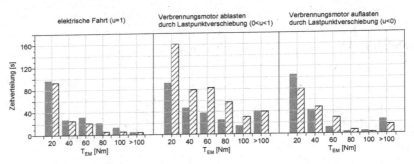

Abbildung 7.8: Häufigkeit von EM Momenten bei verschiedenen Motor-
konzepten im RTS-95-high

Die Statistik in Abbildung 7.8 veranschaulicht die Verteilung der EM Momen-
te im RTS-95-high (ähnliches Verhalten im RTS-95-low). Wie Abbildung 7.7
andeutet, ist der Anteil an rein elektrischer Fahrt beim Antriebsstrang mit
stöchiometrischem Verbrennungsmotor höher. In diesem Fall ist auch die für
E-Fahrt aufgewendete Energie höher, was sich wie im Diagramm rechts dargestellt in geringeren Ablastemomenten und höheren Auflastemomenten nieder-
schlägt.

Die Verteilungen der Anforderung und Betriebspunkte des Verbrennungsmotors in Abbildung 7.9 machen die Einflüsse der Verbrennungsmotoren auf die Betriebsstrategie ersichtlich. Die grauen Kreuze in Hintergrund entsprechen der Betriebsanforderungen und die schwarzen Kreise den Betriebspunkten des Verbrennungsmotors. Unterhalb der Strich-Punkt-Linie ist der Betriebsbereich des Magerbetriebs. Die Betriebspunkte des Verbrennungsmotors mit Magerbetrieb sind zum größten Teil im Bereich mit besonders niedriger Last zu finden, während die Betriebspunkte des stöchiometrischen Verbrennungsmotors relativ weit verteilt sind, vor allem im RTS-95-high. Aufgrund des höheren Nachladebedarfs im RTS-95-low werden viele Betriebspunkte des stöchiometrischen Verbrennungsmotors in den mittleren Lastbereich verschoben.

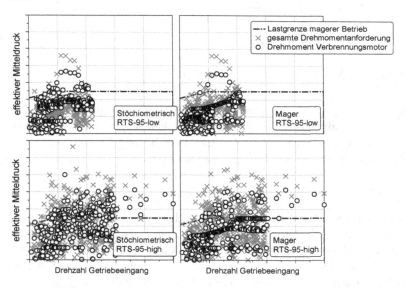

Abbildung 7.9: Verteilung der Betriebspunkte in vier Simulationskombinationen

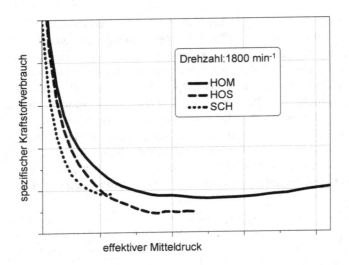

Abbildung 7.10: spezifische Kraftstoffverbräuche der drei Betriebsarten

Das Verbrauchs-Leistungsverhältnis (auch bekannt als spezifischer Verbrauch) bei bestimmter Leistungsabgabe entscheidet im Wesentlichen den Schluss der Optimierungsfunktion Gl. 7.10. In Abbildung 7.10 sind die spezifischen Verbräuche der drei Betriebsarten bei Motordrehzahl 1800 min^{-1} mit variierender Last (x-Achse) aufgetragen. Der Pfeil zeigt die Last, bei der der niedrigste spezifische Verbrauch im HOS-Betrieb erzielt werden kann.

Der Vergleich von Simulationen der beiden Hybridantriebsstränge zeigt auf, dass der optimierende Betriebsstrategiealgorithmus je nach Verbrennungsmotor unterschiedlich wirkt. Für den stöchiometrischen Verbrennungsmotor wird der Teillastbereich mit relativ ungünstigem spezifischem Verbrauch durch elektrische Fahrt möglichst ausgespart und die Batterie durch Lastpunktverschiebung im mittleren Lastbereich mit günstigem Wirkungsgrad aufgeladen. Dies ist auch die Argumentation für die Hybridisierung vieler Antriebsstränge: die Reduzierung des Betriebs im verbrauchsungünstigen Teillastbetrieb. Dagegen bietet der Verbrennungsmotor mit Magerbetrieb viel bessere Teillastverbräuche, so dass der Bedarf an elektrischer Fahrt reduziert wird. Im Gegenzug wird beim Verbrennungsmotor mit Magerbetrieb auch durch Lastpunktverschiebung weniger stark nachgeladen. Der Verbrauch im RTS-

95-high fällt aufgrund des dynamischen Fahrprofils und der hohen Lastanforderung generell deutlich höher aus. Beim Verbrennungsmotor mit Magerbetrieb liegt der Verbrauch im Hybridantriebsstrang 2 %- 3 % unter dem des stöchiometrischen Verbrennungsmotors. Die Verbrauchseinsparung durch das Magerbrennverfahren ist geringer als die Einsparung im NEFZ (4 %, siehe Kapitel 6), weil im dynamischeren Fahrprofil kaum stabile Teillastfahrten für den Magerbetrieb vorliegen.

Wie in Kapitel 2. erwähnt, kann mit dem Magerbetrieb eine Verbrauchsreduzierung von 10 bis 15 % in üblichen Testzyklen erzielt werden. Wenn der Antriebsstrang hybridisiert wird, reduziert sich das Potenzial des Magerbetriebs im NEFZ auf 4 % und in dynamischer Fahrzyklen wie RTS-95 auf 2 %- 3 %. D. h., dass trotz der Hybridisierung mit einem Magerkonzept weitere Verbrauchseinsparungen realisiert werden können.

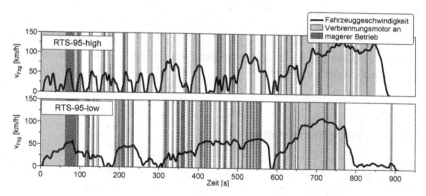

Abbildung 7.11: Zeitlicher Ablauf der Betriebsarten im RTS-95 high/low

Abbildung 7.11 zeigt die Verteilung des Magerbetriebs in den Fahrzyklen RTS-95-high und RTS-95-low. Der RTS-95-high hat mit 10 % einen deutlich geringeren zeitlichen Anteil des Magerbetriebs als der RTS-95-low mit 20 %. Die Dynamik des Fahrprofils ist einer der entscheidenden Faktoren im Hybridantriebsstrang für die Verfügbarkeit des Magerbetriebs.

Das Gesamtsystemmodell mit ausführlicher Abbildung der verbrennungsmotorischen Funktionalitäten ermöglicht eine detaillierte Sicht auf das transiente Betriebsverhalten des Verbrennungsmotors in einem Hybridantriebsstrang.

Dies gilt besonders für den instationären Betrieb während des Betriebsartenwechsels. In Kapitel 5.2 wird die instationäre Übergangsphase anhand
Abbildung 5.11 erklärt. Der Lasteinfluss durch die sich langsam ändernde
Zylinderfüllung wird erst durch die Steuerung des ZW und anschließend durch
die Steuerung des Lambdas kompensiert. Die Verschiebung des ZW in Richtung spät kann durch gezielte Verschlechterung des Verbrennungswirkungs-
grads Momentensprünge vermeiden. Der Vorteil von dieser Lösung ist die
vergleichsweise einfache Umsetzbarkeit und schnelle Reaktion. Jedoch geht
dies zu Lasten des Verbrauchs, da durch die Spät-Verlagerung des Verbren-
nungsschwerpunkts mehr chemische Energie verloren geht. Die Hybridisierung bietet auch theoretisch die Möglichkeit an, einen Teil dieses Verlustes
durch die Elektromaschine auszugleichen.

Die Verbrauchsverluste durch die Umschaltung der Betriebsarten lassen sich
auf Basis der vorliegenden Simulationsergebnisse nachträglich berechnen. Sie
belaufen sich auf 0,2 % und 0,6 % des gesamten Kraftstoffverbrauchs im RST-
95-high und -low. Je nach Auslegung des Hybridisierungskonzepts (Systemstruktur, Kupplungsart, Leistungsfähigkeit der EM usw.) ließe sich ein Teil
in elektrische Energie wandeln.

7.4 Schadstoffemissionen

Im Zusammenhang mit der Einführung der gesetzlich durch die EU geforder-
ten Euro 6d Abgasnorm wird die Einhaltung von Abgasgrenzwerten auch
abseits des Rollenprüfstands unter einer großen Bandbreite an „realen" Fahrbedingungen und Betriebsbereichen gefordert. Für den Dieselmotor und den
Ottomotor mit Magerkonzept bedeutet dies vor allem verschärfte Anforderungen an die Reduzierung der NO_x-Emissionen [59]. Für den untersuchten Ottomotor ist die NO_x-Bildung im stöchiometrischen Betrieb sowie HC und CO in
allen Betriebsarten durch den Einsatz des Drei-Wege-Katalysators unproble-
matisch. Im Magerbetrieb dagegen kommt zwar der NO_x-Speicherkatalysator
zum Tragen, jedoch ist die Speicherkapazität begrenzt und für die Regeneration des Speicherkatalysators fällt ein Mehrverbrauch an. Deshalb soll hier die
Reduzierung der NO_x-Rohemissionen gegenüber anderen Schadstoffemissionen im Vordergrund stehen.

Wie in Kapitel 5.4 geschildert, kann das Rohemissionsmodell die Rohemissionen von HC, CO und NO_x in Bezug auf das transiente Verhalten sehr gut nachbilden. NO_x Werte lassen sich dabei am besten prognostizieren. Auf dieser Basis ermöglicht das Gesamtsystemmodell mittels der optimierten Hybridbetriebsstrategie die NO_x-Entstehung zu reduzieren.

In [60] werden die NO_x-Rohemissionen eines Hybridantriebsstrangs mit Dieselmotor mittels stationären und instationären Ansätzen untersucht. Im stationären Ansatz wird ebenfalls ein ECMS-Algorithmus für die Optimierung der Hybridbetriebsstrategie angewendet. Die NO_x-Rohemissionen werden als eine „Form vom Kraftstoffverbrauch" betrachtet und in die Optimierungsfunktion implementiert. In dieser Untersuchung wird für den Magerbetrieb eine ähnliche stationäre Methodik angewendet.

Für eine verbrauchsoptimierte Hybridbetriebsstrategie mit abgesenkten NO_x-Rohemissionen wird Gl. 7.10 um einen Faktor s_{NOx} zur Gl. 7.13 erweitert. Der Wert des Faktors s_{NOx} ändert sich anhand des NO_x-Massenstroms in einem stationären NO_x-Rohemissionskennfeld während der Optimierung.

$$P_H\big(t, u(t), s(t)\big) = (1 + s_{NOx})P_{Krst}\big(v(t), u(t)\big) \\ + s_0 P_{ele}\,(v(t), u(t))$$

Gl. 7.13

$$\begin{cases} s_{NOx} = 0 & \text{HOM} \\ s_{NOx} = f(m_{NOx}^{\cdot}) & \text{SCH, HOS} \end{cases}$$

Der Vorteil der stationären Methodik ist, dass diese auch im vereinfachten Simulationsmodell für Ermittlung des Faktors λ_0 anwendbar ist und dadurch die Simulationszeit erheblich geringer ausfällt. Alternativ wäre es auch möglich, die dynamischen NO_x-Ausgänge des Rohemissionsmodells direkt in den Faktor s_{NOx} einzubinden. Der dynamische Ansatz benötigt eine größere Rechenkapazität oder längere Simulationszeit.

Da im RTS-95-high Zyklus Magerbetrieb nur in einem geringen Zeitanteil vorliegt, werden die NO_x-Rohemissionen im Magerbetrieb im RTS-95-low untersucht. Das Simulationsergebnis zeigt, dass bei einer Verringerung der NO$_x$-Rohemissionen um 4 % der Verbrauch um knapp 1 % steigt. Es ist zu beachten, dass das absolute Niveau der NO$_x$-Rohemissionen im Hybridantriebsstrang sehr niedrig ist. Einerseits wird die gesamte verbrennungsmotorische Antriebszeit durch die Hybridisierung reduziert, andererseits wird der Verbrennungsmotor während der Hochlastphase, in der es zu hohen NO$_x$-Emissionen kommt, vor allem im Bereich mit niedrigen Drehzahlen durch Lastpunktverschiebung abgelastet. Für das niedrige NO$_x$-Emissionsniveau ist eine 4%-Absenkung sehr wenig. Aus dem Ergebnis ist zu entnehmen, dass die Lastpunktverschiebung als NO$_x$-Reduzierungsmaßnahme in Bezug auf Verbrauch unter den aktuell geltenden Rahmenbedingungen in Europa sehr unwirtschaftlich ist. Als Lösung für die Reduzierung der NO$_x$-Emissionen, bieten sich nach wie vor innermotorische Maßnahmen an, wie z. B. die Abgasrückführung, oder Maßnahmen, die das Abgasnachbehandlungssystem verbessern.

8 Zusammenfassung und Ausblick

Um auch zukünftigen Anforderungen an den Verbrauch und das Emissionsverhalten von Kraftfahrzeugen gerecht zu werden, ist eine weitere Steigerung des Wirkungsgrads beim Verbrennungsmotor und höhere Elektrifizierung des Antriebsstrangs unerlässlich. Insbesondere im Teillastbereich, in dem der stöchiometrisch betriebene Verbrennungsmotor einen relativ schlechten Wirkungsgrad aufweist, kann hier durch elektrische Fahrt die Effizienz des Fahrzeugs gesteigert werden. Wird dagegen der Verbrennungsmotor in diesem Betriebsbereich mager betrieben, kann auch in der Teillast der Wirkungsgrad des Ottomotors deutlich gesteigert werden.

Da beide Maßnahmen sich bzgl. des verbrauchsenkenden Effektes im Bereich überschneiden, ist eine Aufgabe dieser Arbeit, das Grenzpotenzial der Kombination aus mager betriebenen Ottomotor und elektrifiziertem Antriebstrang zu ermitteln. Ein P2-Hybridfahrzeug lässt sich leicht auf Basis eines konventionellen Antriebsstrangs umsetzen und die Struktur ist kompatibel für unterschiedlich elektrische Leistungsstufen und wird daher als Konzept für die Untersuchungen genutzt.

Würde man die verschiedenen zu analysierenden Konfigurationen als Antriebsstrang in einem Fahrzeug aufbauen, würde dies erhebliche Kosten verursachen. Da werden die Untersuchungen mittels der Simulation durchgeführt. Um die Aussage möglichst realitätstreu abzuleiten, wurde ein Gesamtsystemmodell mit dem Schwerpunkt der Abbildung des Motorverhaltens und Rohemissionen erstellt. Sowohl eine regelbasierte Betriebsstrategie direkt aus dem Steuergerät, als auch eine integrierte optimierende Betriebsstrategie mit ECMS (*Equivalent Consumption Minimization Strategy*) wird verwendet. Die Optimierung der Betriebsstrategie hat zum Ziel, die Drehmoment-anforderung zwischen Elektromotor und Verbrennungsmotor so zu verteilen, dass der Verbrauch des Fahrzeugs so niedrig wie möglich ist sowie gleichzeitig niedrige Emissionen zu erzielen, um eine wirkungsgradoptimale Kombination von Ottomotor und P2-Hybrid-Antriebsstrang zu herauszuarbeiten.

Die Erstellung des Gesamtsystemmodells basiert auf einem stationären Fahrzeugsimulationsmodell und die Modellierung des Verbrennungs-motors sowie dessen Steuerung wird durch Streckenmodelle erweitert. Das Streckenmodell

© Springer Fachmedien Wiesbaden GmbH, ein Teil von Springer Nature 2019
J. Cheng, *Wirkungsgradoptimales ottomotorisches Konzept für einen Hybridantriebsstrang*, Wissenschaftliche Reihe Fahrzeugtechnik Universität Stuttgart, https://doi.org/10.1007/978-3-658-28144-1_8

des Verbrennungsmotors setzt sich aus folgenden Teilmodellen zusammen: einem Steuergerätemodell mit integrierten Steuergerätefunktionen, einem Mittelwertmotormodell für die Luft-dynamik im Luftpfad sowie die Drehmomentgenerierung des Verbrennungsmotors, einem Rohemissionsmodell mit künstlichem neuronalem Netz sowie einem Abgasnachbehandlungsmodell. Die Vergleiche zwischen den Rechenergebnissen der einzelnen Modelle und den dynamischen Messungen an dem Versuchsaggregat zeigen gute Übereinstimmung. Das Steuergerätemodell ermöglicht den Einblick und den Eingriff in die Steuerungslogik des Verbrennungsmotors, vor allem in die Ansteuerung des Einspritzsystems, was die Untersuchungstiefe verbessern konnte. Das Mittelwertmotormodell und das Rohemissionsmodell sind wichtige Bestandteile für die Abbildung des transienten Verhaltens des Verbrennungsmotors. Damit ist das Modell in der Lage, den transienten Einfluss auf Luftdynamik, Drehmomenterzeugung und Emissionen zu prognostizieren. Dies ist als großer Fortschritt gegenüber dem rein stationären Ansatz und lässt eine Identifizierung von verborgenen Risiken oder Chancen schon in einer frühen Entwicklungsphase zu.

Mittels des Gesamtsystemmodells werden der Verbrauch und die Rohemissionen eines Ottomotors mit Magerkonzept in einem Hybridantriebsstrang untersucht. Für den Fahrzyklus NEFZ wird die regelbasierte Betriebsstrategie verwendet. Dabei ergibt sich für den Ottomotor mit Magerkonzept im Hybridantriebsstrang ein Verbrauchsvorteil von 4 % gegenüber einem baugleichen stöchiometrisch betriebenen Motor. Die Untersuchung des Hubraumeffekts zeigt, dass die Verbrauchsersparnis durch den Magerbetrieb mit größerem Hubraum steigt. Ein 3,0 Liter Ottomotor mit Magerbetrieb liegt vom Verbrauch her auf ähnlichem Niveau wie ein 2,0 Liter stöchiometrisch betriebener Ottomotor. Für die Untersuchung in den RDE-ähnlichen dynamischen Fahrzyklen (RTS-95-low und RTS-95-high) wird die Betriebsstrategie mittels ECMS optimiert. Durch die höhere Dynamik des Fahrprofils liegt der Verbrauchsvorteil hier bei 2 %- 3 %. Die höheren Lastanforderungen senken den Anteil des Magerbetriebs an der Gesamtbetriebsdauer. Der vermehrte Wechsel zwischen stöchiometrischer und Mager-Betriebsart aufgrund der durch erhöhte Fahrdynamik verursachten größeren transienten Verbrauchsverluste, was den Verbrauchsvorteil des Magerbetriebs nochmals reduziert. Das Gesamtsystemmodell hat die Berechnung und Bewertung derartigem transientem Verbrauchsverlust ermöglicht.

Die modifizierte ECMS kann die Hybridbetriebsstrategie über eine entsprechende Kostenfunktion so optimieren, dass der Antriebsstrang gleichzeitig verbrauchs- und rohemissionsoptimal läuft. Der Schwerpunkt der Untersuchung liegt auf den NO_x-Rohemissionen während des Magerbetriebs. Da durch die Hybridisierung die Magerbetriebsdauer erheblich reduziert wird, liegen die NO_x-Rohemissionen auf niedrigem Niveau. Der Versuch die NO_x-Rohemissionen weiter zu senken, führt jedoch zu einem überproportionalen Anstieg des Kraftstoffverbrauchs.

Die Analyse der Optimierungsrechnungen ergibt außerdem, dass sich die Betriebsstrategie eines wirkungsgradoptimalen Ottomotors mit Magerbetrieb deutlich von der des Vergleichsmotors unterscheidet. Wenn die Betriebsstrategie hinsichtlich Verbrauch optimiert ist, weist der Antriebsstrang mit Magerbetrieb mehr Lastpunktverschiebungen in den wirkungsgradgünstigen verbrennungsmotorischen Betriebsbereichen auf, während die Betriebsstrategie des zu vergleichenden Antriebsstrangs eher zum Ausschalten des Verbrennungsmotors und somit zur elektrischen Fahrt tendiert. Dieser Unterschied ist auf den Wirkungsgrad der beiden untersuchten Ottomotoren zurückzuführen. Dies weist darauf hin, dass es auch in einem hybridisierten Antriebsstrang vorteilhaft sein kann, den Wirkungsgrad des Verbrennungsmotors weiter zu steigern, wobei die Auslegung der Betriebsstrategie maßgeblichen Einfluss auf die erfolgreiche Ausnutzung dieses Wirkungsgradvorteils hat. Dies deutet weiter darauf hin, dass die Auslegung des Hybridsystems sich an der Kraftstoffeffizienz des Verbrennungsmotors orientieren kann. Mit einem ineffizienten Motor ist es vorteilhaft eine größere Batterie und leistungsstärkere Elektromotoren zu wählen, weil der E-Fahrtanteil groß sein sollte. Für einen wirkungsgradoptimalen Motor ist eher eine ‚milde' Elektrifizierung als elektrische Unterstützung zielführend.

Das in dieser Arbeit entstandene Gesamtsystemmodell kann nicht nur die Hybridbetriebsstrategie für bestimmte Konfigurationen optimieren, sondern auch als Applikationsplattform dienen, um die Parametrisierung eines neu zu entwickelnden Antriebssystems zu automatisieren und damit zu unterstützen. Hierdurch können bereits in einer sehr frühen Entwicklungsphase zielführende Varianten identifiziert und der Entwicklungsprozess effizienter gestaltet werden.

Literaturverzeichnis

[1]   Altenschmidt, F.: A Thermodynamic Comparison of SI-engine Combustion Systems: SIA POWERTRAIN VERSAILLES 2015.

[2]   Merker, G. P.; Teichmann, R.: Grundlagen verbrennungsmotoren. Funktionsweise, simulation, messtechnik, 7. Auflage.

[3]   Xander, B.: Grundlegende Untersuchungen an einem Ottomotor mit Direkteinspritzung und strahlgeführten Brennverfahren. Berlin, Karlsruhe 2006.

[4]   Altenschmidt, F.; Bauer, C.; Binder, S.; Pfaff, R.: Ein thermodynamischer Vergleich zwischen ottomotorischem und dieselmotorischem Magerbrennverfahren: 14. Tagung "Der Arbeitsprozess des Verbrennungsmotors", Graz, 2013.

[5]   Tschöke, H.: Die Elektrifizierung des Antriebsstrangs. Basiswissen.

[6]   Hofmann, P.: Hybridfahrzeuge. Ein alternatives antriebssystem für die zukunft, 2. Auflage.

[7]   Keller, U.; Schmiedler, S.; Strenkert, J.; Ruzicka, N.; Nietfeld, F.: PLUG-IN Hybrid from Mercedes-Benz – The next generation PLUG-IN Hybrid with 4-cylinder gasoline engine. In: Bargende, M.; Reuss, H.-C.; Wiedemann, J. (Hrsg.): 15. Internationales Stuttgarter Symposium. Wiesbaden 2015.

[8]   Guzzella, L.; Onder, C. H.: Introduction to modeling and control of internal combustion engine systems. Berlin, New York, NY 2004.

[9]   Benz, M.: Model-Based Optimal Emission Control of Diesel Engines, Dissertation. Zürich 2010.

[10]   Guzzella, L.; Sciarretta, A.: Vehicle propulsion systems. Introduction to modeling and optimization, 3. Auflage. Heidelberg, New York 2013.

[11]   Grote, K.-H.; Feldhusen, J. (Hrsg.): Dubbel. Berlin, Heidelberg 2014.

[12]   die Verordnung (EG) Nr. 443/2009 23.April.2009.

[13]   Woo, J.; Choi, H.; Ahn, J.: Well-to-wheel analysis of greenhouse gas emissions for electric vehicles based on electricity generation mix: A

© Springer Fachmedien Wiesbaden GmbH, ein Teil von Springer Nature 2019
J. Cheng, *Wirkungsgradoptimales ottomotorisches Konzept für einen Hybridantriebsstrang*, Wissenschaftliche Reihe Fahrzeugtechnik Universität Stuttgart, https://doi.org/10.1007/978-3-658-28144-1

global perspective. In: Transportation Research Part D: Transport and Environment 51 (2017), S. 340–50.

[14]   Ma, H.; Balthasar, F.; Tait, N.; Riera-Palou, X.; Harrison, A.: A new comparison between the life cycle greenhouse gas emissions of battery electric vehicles and internal combustion vehicles. In: Energy Policy 44 (2012), S. 160–73.

[15]   Onn, C. C.; Mohd, N. S.; Yuen, C. W.; Loo, S. C.; Koting, S.; Abd Rashid, Ahmad Faiz; Karim, M. R.; Yusoff, S.: Greenhouse gas emissions associated with electric vehicle charging: The impact of electricity generation mix in a developing country. In: Transportation Research Part D: Transport and Environment (2017).

[16]   Rangaraju, S.; Vroey, L. de; Messagie, M.; Mertens, J.; van Mierlo, J.: Impacts of electricity mix, charging profile, and driving behavior on the emissions performance of battery electric vehicles: A Belgian case study. In: Applied Energy 148 (2015), S. 496–505.

[17]   Archsmith, J.; Kendall, A.; Rapson, D.: From Cradle to Junkyard: Assessing the Life Cycle Greenhouse Gas Benefits of Electric Vehicles. In: Research in Transportation Economics 52 (2015), S. 72–90.

[18]   van Basshuysen, R.; Schäfer, F.: Handbuch Verbrennungsmotor. Grundlagen, Komponenten, Systeme, Perspektiven ; mit 1804 Abbildungen und mehr als 1400 Literaturstellen, 7. Auflage.

[19]   Reif, K.: Ottomotor-Management. Steuerung, Regelung und Überwachung, 4. Auflage.

[20]   Heywood, J. B.: Internal combustion engine fundamentals. New York 1988.

[21]   Basshuysen, R. v.: Ottomotor mit Direkteinspritzung. Verfahren, Systeme, Entwicklung, Potenzial. In: Ottomotor mit Direkteinspritzung (2013).

[22]   Waltner, A.; Altenschmidt, F.; Schaupp, U.: Magerbrennverfahren – Die Zukunft für Ottomotoren: Internationaler Motorenkongress 2014.

[23]   Europäische Union: RICHTLINIE 2007/46/EG DES EUROPÄISCHEN PARLAMENTS UND DES RATES vom 5. September 2007 zur Schaffung eines Rahmens für die Genehmigung von Kraftfahrzeugen und Kraftfahrzeuganhängern sowie von Systemen, Bauteilen und selbstständigen technischen Einheiten für diese Fahrzeug (2007).

[24] Hofmann, P.: Hybridfahrzeuge. [ein alternatives Antriebskonzept für die Zukunft]. Wien 2010.

[25] Reif, K.: Bosch-Grundlagen Fahrzeug- und Motorentechnik. Konventioneller Antrieb, Hybridantriebe, Bremsen, Elektronik. In: Bosch Grundlagen Fahrzeug- und Motorentechnik (2011).

[26] Reif, K.: Kraftfahrzeug-Hybridantriebe. Grundlagen, Komponenten, Systeme, Anwendungen. Wiesbaden 2012.

[27] Sciarretta, A.; Guzzella, L.: Control of hybrid electric vehicles. In: IEEE Control Systems Magazine 27 (2007) 2, S. 60–70.

[28] Sundstrom, O.; Guzzella, L.: A generic dynamic programming Matlab function: 2009 IEEE International Conference on Control Applications (CCA).

[29] Back, M.: Prädiktive Antriebsregelung zum energieoptimalen Betrieb von Hybridfahrzeugen. Karlsruhe 2006.

[30] Paganelli, G.; Delprat, S.; Guerra, T.M.; Rimaux, J.; Santin, J.J.: Equivalent consumption minimization strategy for parallel hybrid powertrains: Vehicular Technology Conference. IEEE 55th Vehicular Technology Conference. VTC Spring 2002 2002.

[31] Salmasi, F. R.: Control Strategies for Hybrid Electric Vehicles: Evolution, Classification, Comparison, and Future Trends. In: IEEE Transactions on Vehicular Technology 56 (2007) 5, S. 2393–404.

[32] Kleimaier, A.; Schroder, D.: An approach for the online optimized control of a hybrid powertrain: 7th International Workshop on Advanced Motion Control - AMC'02 2002.

[33] Musardo, C.; Rizzoni, G.; Staccia, B.: A-ECMS: An Adaptive Algorithm for Hybrid Electric Vehicle Energy Management: 44th IEEE Conference on Decision and Control 2005.

[34] Wirasingha, S. G.; Emadi, A.: Classification and Review of Control Strategies for Plug-In Hybrid Electric Vehicles. In: IEEE Transactions on Vehicular Technology 60 (2011) 1, S. 111–22.

[35] Bianchi, D.; Rolando, L.; Serrao, L.; Onori, S.; Rizzoni, G.; Al-Khayat, N.; Hsieh, T.-M.; Kang, P.: A Rule-Based Strategy for a Series/Parallel Hybrid Electric Vehicle: An Approach Based on Dynamic Programming: ASME 2010 Dynamic Systems and Control Conference 2010.

[36] Goerke, D.; Bargende, M.; Keller, U.; Ruzicka, N.; Schmiedler, S.: Optimal Control based Calibration of Rule-Based Energy Management for Parallel Hybrid Electric Vehicles. In: SAE International Journal of Alternative Powertrains 4 (2015) 1.

[37] Salman, M.; Schouten, N.J.; Kheir, N.A.: Control strategies for parallel hybrid vehicles: Proceedings of 2000 American Control Conference (ACC 2000).

[38] Lee, H.-D.; Koo, E.-S.; Sul, S.-K.; Kim, J.-S.; Kamiya, M.; Ikeda, H.; Shinohara, S.; Yoshida, H.: Torque control strategy for a parallel-hybrid vehicle using fuzzy logic. In: IEEE Industry Applications Magazine 6 (2000) 6, S. 33–38.

[39] Kim, N.; Cha, S.; Peng, H.: Optimal Control of Hybrid Electric Vehicles Based on Pontryagin's Minimum Principle. In: IEEE Transactions on Control Systems Technology 19 (2011) 5, S. 1279–87.

[40] Serrao, L.; Onori, S.; Rizzoni, G.: ECMS as a realization of Pontryagin's minimum principle for HEV control: 2009 American Control Conference.

[41] Sterner, M.; Stadler, I.: Energiespeicher - Bedarf, Technologien, Integration. Berlin 2014.

[42] A. Sciarretta, JC. Dabadie, G. Font: Automatic Model-Based Generation of Optimal Energy Management Strategies for Hybrid Powertrains: SIA POWERTRAIN VERSAILLES 2015.

[43] PLUG-IN Hybrid from Mercedes-Benz–The next generation PLUG-IN Hybrid with 4-cylinder gasoline engine 2015.

[44] Paulweber, M.; Lebert, K.: Mess- und Prüfstandstechnik. Antriebsstrangentwicklung - Hybridisierung - Elektrifizierung.

[45] the European Union: Amtsblatt der Europäischen Union L 175/1. VERORDNUNG (EU) 2017/1151 DER KOMMISSION vom 1. Juni 2017.

[46] Benz, M.; Nüesch, T.; Hehn, M.; Zentner, S.: Engine Library Reference Book. Swiss 2010.

[47] Hirsch, M.; Alberer, D.; del Re, L. (Hrsg.): Grey-Box Control Oriented Emissions Models 2008.

[48] Nelles, O.: Nonlinear system identification with local linear neuro-fuzzy models, Als Ms. gedr. Aachen 1999.

[49] Schmid, M. D.: A neural network package for Octave User's Guide Version: 0.1. 9. 1 (2009).

[50] P.J. Shayler; S.T.Jones; G.Horn: Characterisation of DISI Emissions and Fuel Economy in Homogeneous and Stratified Charge Modes of Operation.

[51] van Basshuysen, R.: Ottomotor mit Direkteinspritzung und Direkteinblasung: Ottokraftstoffe, Erdgas, Methan, Wasserstoff 2016.

[52] Papageōrgiu, M.; Leibold, M.; Buss, M.: Optimierung. Statische, dynamische, stochastische Verfahren für die Anwendung, 4. Auflage. Berlin ˜[u.a.]œ 2015.

[53] Chasse, A.; Hafidi, G.; Pognant-Gros, P.; Sciarretta, A.: Supervisory Control of Hybrid Powertrains: an Experimental Benchmark of Offline Optimization and Online Energy Management. In: IFAC Proceedings Volumes 42 (2009) 26, S. 109–17.

[54] Serrao, L.; Sciarretta, A.; Grondin, O.; Chasse, A.; Creff, Y.; Di Domenico, D.; Pognant-Gros, P.; Querel, C.; Thibault, L.: Open Issues in Supervisory Control of Hybrid Electric Vehicles: A Unified Approach Using Optimal Control Methods. In: Oil & Gas Science and Technology – Revue d'IFP Energies nouvelles 68 (2013) 1, S. 23–33.

[55] Sciarretta, A.; Back, M.; Guzzella, L.: Optimal Control of Parallel Hybrid Electric Vehicles. In: IEEE Transactions on Control Systems Technology 12 (2004) 3, S. 352–63.

[56] Shabbir, W.; Evangelou, S. A.: Real-time control strategy to maximize hybrid electric vehicle powertrain efficiency. In: Applied Energy 135 (2014), S. 512–22.

[57] Tietge, U.; Zacharof, N.; Mock, P.; Franco, V.; German, J.; Bandivadekar, A.; Ligterink, N.; Lambrecht, U.: FROM LABORATORY TO ROAD: A 2015 update of official and "real-world" fuel consumption and CO_2 values for passenger cars in Europe (2015).

[58] Giakoumis, E. G.: Driving and Engine Cycles.

[59] R. Dreisbach; G. Fraidl; P. Kapus; H. Sorger; M. Weißbäck (Hrsg.): Diesel versus Otto 2020: Synergie oder Wettbewerb? 2014.

[60] Wüst, M.; Krüger, M.; Naber, D.; Cross, L.; Greis, A.; Lachenmaier, S.; Stotz, I.: Operating strategy for optimized CO2 and NOx emissions

of diesel-engine mild-hybrid vehicles. In: Bargende, M.; Reuss, H.-C.; Wiedemann, J. (Hrsg.): 15. Internationales Stuttgarter Symposium. Wiesbaden 2015.

[61]   Cheng, J.; Altenschmidt, F.; Ley, C.; Bargende, M.: Ein Gesamtsystem-Modell für Hybridantriebs-stränge mit wirkungsgradeoptimalem Ottomotor: Tag des Promotionskollegs, Stuttgart, 11.2014

[62]   Cheng, J.; Altenschmidt, F.; Ley, C.; Bargende, M.: The Hybrid Power-train: A Challenge for The Simulation: SIA POWERTRAIN, Versailles, 05. 2015

[63]   Cheng, J.; Altenschmidt, F.; Ley, C.; Bargende, M.: HEV Concept with Lean Operated SI-Engine Optimized for Fuel Consumption and Emissions: Stuttgart Symposium, Stuttgart, 03. 2016

Printed in the United States
By Bookmasters